笔记本电脑故障检修基础与实训

BIJIBEN DIANNAO GUZHANG JIANXIU JICHU YU SHIXUN

主　编　韦思健　申建国

高等教育出版社·北京

内容提要

本书以职业资格考核标准为依据,以工作过程为导向,以培养岗位职业能力为目标,结合笔记本电脑常见故障的维修,按照项目化模式编写而成。

本书主要内容包括:笔记本电脑操作系统故障维修、笔记本电脑硬件配置升级、笔记本电脑暗屏故障维修、笔记本电脑黑屏故障维修、笔记本电脑无法开机故障维修、笔记本电脑开机掉电故障维修、笔记本电脑无法充电故障维修和笔记本电脑USB接口故障维修。

本书适合作为职业院校计算机大类相关专业的教材,也可作为相关技术人员的参考用书。

图书在版编目(CIP)数据

笔记本电脑故障检修基础与实训 / 韦思健,申建国主编.—北京:高等教育出版社,2021.3
ISBN 978 - 7 - 04 - 055794 - 7

Ⅰ.①笔… Ⅱ.①韦… ②申… Ⅲ.①笔记本计算机
-维修 Ⅳ.①TP368.320.6

中国版本图书馆 CIP 数据核字(2021)第 036793 号

策划编辑	张尕琳	**责任编辑**	张尕琳	万宝春	**封面设计**	张文豪	**责任印制**	高忠富

出版发行	高等教育出版社	网 址	http://www.hep.edu.cn	
社 址	北京市西城区德外大街 4 号		http://www.hep.com.cn	
邮政编码	100120		http://www.hep.com.cn/shanghai	
印 刷	杭州广育多莉印刷有限公司	网上订购	http://www.hepmall.com.cn	
开 本	787 mm×1092 mm 1/16		http://www.hepmall.com	
印 张	10.25		http://www.hepmall.cn	
字 数	199 千字	版 次	2021 年 3 月第 1 版	
购书热线	010 - 58581118	印 次	2021 年 3 月第 1 次印刷	
咨询电话	400 - 810 - 0598	定 价	30.00 元	

本书如有缺页、倒页、脱页等质量问题,请到所购图书销售部门联系调换
版权所有 侵权必究
物 料 号 55794-00

以智能电视、笔记本电脑、智能手机为代表的智能家电、PC、消费终端三大类 IT 产品已经开始了跨界融合。若干年前提到的"三网合一""4C 融合"时代,已经悄然来临。这些电子数码产品的广泛应用,催生了极大的硬件市场,不管是智能消费终端,还是 PC 产品,这无疑都是我们计算机维修行业的巨大潜在市场。

产品的不断创新与变革,也要求我们不断学习新的技术知识。产品在跨界,我们的维修技术也要跨界。

中盈创信(北京)科技有限公司是专注于提供智能电子产品检测维修及数据恢复相关软硬件产品技术服务的高科技企业。多年以来,公司依托行业资源优势和技术创新能力,服务于全国职业院校技能大赛"计算机检测维修与数据恢复""电子产品芯片级检测维修与数据恢复"赛项的协办工作,在总结历年大赛资源转化成果及充分的专业调研论证的基础之上,融合各职业院校人才培养方案,编写了本书。本书的编写也是《国家职业教育实施方案》提出"建设一大批校企'双元'合作开发的国家规划教材,倡导使用新型活页式、工作手册式教材并配套开发信息化资源"政策的真正落地,顺应了现代职业教育的改革与发展。

本书从教学改革微观层面上的课程设计、教学设计和教材设计三个维度进行了重构。以工作过程为导向,聚焦项目引领和任务驱动,突出以项目为载体、能力为目标、学生为主体的三原则;注重"做中学"的教育特点,每个项目后设有项目总结和课后练习,思路清晰、任务明确、内容充实,符合职业院校学生学习认知规律,反映了职业教育教学理念的发展趋势。

以就业为导向,深化职业教育教学实践改革,不断推进教育教学思想和人才培养模式的转变,是当前和今后一个时期职业教育工作的重要任务。我希望职教战线上有更多的同志为此积极努力探索,也希望有更多创新性、实践性的教材及数字化教学资源问世。借助为此书作序之机,与奋斗在职业教育战线上的同志们共勉。

王军伟

前言 | Forword

进入 21 世纪以来，伴随着新一代信息技术的飞速发展，以数字化、网络化和智能化为主要特点的电子产品已经融入人们的日常生活和工作中，其中以笔记本电脑、智能手机为代表的数码产品已成为寻常百姓的必备电子消费品。

来自工信部的统计数据显示，2018 年我国笔记本电脑产销量达到 1.8 亿台，新概念、新知识和新技术在产品的更新换代中不断被应用。电子信息产业对技能应用型人才的需求出现巨大缺口。

本书由院校专业教师和企业一线工程师倾心编写，强调动手能力和实用技能的培养，结合笔记本电脑新知识、新技能并融入工作岗位新需求，依照"工作导向、任务驱动"为原则，以项目化教学法开展案例讲解和实操训练。本书以市场上主流笔记本电脑为例，主要介绍了笔记本电脑操作系统故障、硬件配置升级、暗屏故障、黑屏故障、无法开机故障、开机掉电故障、无法充电故障、USB 接口故障等内容。

本书主要特点：

项目引领，任务驱动

遵循"以项目为载体，以工作过程为导向"的编写原则，依据工作岗位要求和行业发展标准，将理论知识与技能训练分解到每一个项目任务中，体现"做中学"的特色。

图解教学、重在实用

在项目的选取方面，充分考虑项目所承载的知识点和技能点应用，在技能点编写上突出图文并茂，力求通过"图片＋电路框图＋过程拆解"达到学以致用的教学目的。

循序渐进，操作性强

依照"项目—任务准备—任务实施—知识链接"编排，条理清晰，内容由浅入深、循序渐进、通俗易懂，案例与理论知识相结合，按照书中讲解的任务实施顺序，便可轻松掌握笔记本电脑的基础维修技能。

同时，该教材配套数字化教学资源，资源形式包括：PPT、项目导入动画、操作视频、3D仿真实训课件、互动课件、练习及题库，初步实现了教材的数字化资源转化。

本书由中盈创信（北京）科技有限公司提供技术资料，由长期从事职业院校计算机应用和信息技术类专业教学的双师型教师、指导技能大赛的专家老师和企业一线技术人员联合编写,内容丰富,技能实训与岗位知识融合,通俗易懂。

　　本书由韦思健、申建国共同主编,胡亚荣、刘俊、杜江淮、胡国柱、韩维巍、李学政、杨勇、黄文韬、周航担任副主编,参加编写的还有陈开洪、王平均、郑宇平、赵新亚、桑世庆、吴信添、王军民、刘钦涛、杜勤英、樊彬、常建有、柳继东、孙昕炜、潘成、朱艳梅、钟勤、兰鹏富、李欣。

　　受专业水平与实践经验所限,书中难免会有不足之处,敬请专家、同行和广大读者批评指正!

编　者

Contents

目　录

项目一　笔记本电脑操作系统故障维修 ················· 1

　　任务 1　操作系统恢复 ························· 2

　　任务 2　操作系统重装 ························· 10

项目二　笔记本电脑硬件配置升级 ················· 27

　　任务 1　内存条和固态硬盘加装 ················· 28

　　任务 2　高清显示屏的更换 ··················· 35

项目三　笔记本电脑暗屏故障维修 ················· 43

　　任务 1　液晶屏灯管的更换 ··················· 44

　　任务 2　高压板故障维修 ····················· 47

项目四　笔记本电脑黑屏故障维修 ················· 53

　　任务 1　主板显卡芯片虚焊引起的黑屏故障维修 ········· 54

　　任务 2　主板显示系统供电电路维修 ··············· 60

项目五　笔记本电脑无法开机故障维修 ··············· 71

　　任务 1　主板隔保电路引起的无法开机故障维修 ········· 72

　　任务 2　主板系统供电电路引起的无法开机故障维修 ······· 82

项目六　笔记本电脑开机掉电故障维修 ··············· 93

　　任务 1　CPU 供电电路引起的开机掉电故障维修 ········· 94

　　任务 2　内存供电电路引起的开机掉电故障维修 ········· 103

　　任务 3　温控电路引起的开机掉电故障维修 ··········· 112

项目七　笔记本电脑无法充电故障维修 ··············· 119

　　任务 1　电池损坏引起的无法充电故障维修 ··········· 120

　　任务 2　充电电路引起的无法充电故障维修 ··········· 128

项目八　笔记本电脑 USB 接口故障维修 ·············· 137

　　任务 1　USB 接口的更换 ···················· 138

　　任务 2　USB 接口电路故障维修 ················· 143

项目一　笔记本电脑操作系统故障维修

项目概要

　　笔记本电脑作为 PC 机的一种，包括硬件和软件两个组成部分。依据先软后硬故障检修原则，笔记本电脑的故障检修首先要从软件故障检修做起。依据软件功能的不同，笔记本电脑软件故障又可分为应用软件故障、驱动程序故障和操作系统故障三个方面。导致软件故障原因主要有兼容性不好、病毒破坏、程序丢失和文件碎片过多等几种。通过完成本项目所包含的三个实操任务，同学们要能做到举一反三，准确判别笔记本电脑软件的故障类型及原因，并能选择最为便捷有效的方法修复故障。

项目目标

　　1. 了解笔记本电脑常见的软件故障类型、故障表现及故障原因。

　　2. 掌握笔记本电脑软件故障检修流程及注意事项。

　　3. 能准确判别笔记本电脑软件故障类型、故障原因。

　　4. 能够选择便捷有效的方法修复笔记本电脑常见的软件故障。

　　5. 学会笔记本电脑操作系统的安装及维护。

任务 1

操作系统恢复

【情景描述】

李工的笔记本电脑开机进入系统后运行程序一直卡顿,使用杀毒软件扫描后发现电脑中了病毒,病毒大部分被清除后发现 C 盘系统盘里面有杀不掉的病毒。在朋友的帮助下,李工准备利用操作系统中的 Windows 10 自带的"重置此电脑"功能来恢复操作系统,清除 C 盘里的病毒。

【任务准备】

1. 恢复操作系统

当笔记本电脑的操作系统出现崩溃、运行慢、系统文件丢失等系统故障时,可以使用厂商自带的 OEM 分区进行恢复,这样只要十几分钟的时间即可将笔记本电脑的操作系统、管理软件、应用程序等恢复到出厂时的初始状态。恢复时,可保存笔记本电脑内存储的文件;也可选择删除所有内容。

OEM 分区是厂商预先设置、存放和备份信息的特定分区,OEM 分区和恢复分区主要用于一键还原,可以将电脑系统恢复到初始状态,如图 1-1-1 所示。比较常见的一键还原有联想 OneKey Recovery、惠普 Recovery Manager。

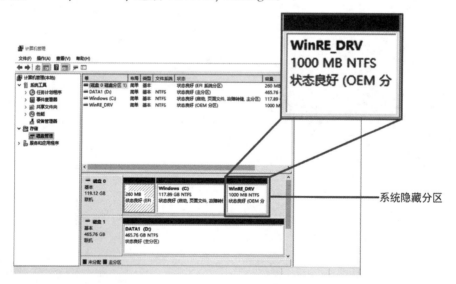

图 1-1-1

2．系统恢复前的准备

（1）资料备份与方法

把笔记本电脑里的重要数据资料等内容保存好,因为恢复系统会影响电脑 C 盘里的数据信息,需要保存 C 盘和桌面上的文件资料。其他盘符里面的数据不会丢失。

①用启动盘启动到 WINPE 模式下,将电脑 C 盘的"用户"下"桌面文件夹"中个人需要的资料复制到其他盘符;②将电脑硬盘从笔记本电脑上拆下,把硬盘放到 USB 移动硬盘盒里,再插入其他电脑读取数据。

（2）笔记本电脑需插入电源适配器,防止恢复过程中突然断电导致恢复失败。

3．电脑系统恢复流程

（1）插入电源适配器;

（2）备份重要数据;

（3）开始恢复电脑操作系统;

（4）系统恢复成功完成;

（5）个人设置与管理软件安装。

【任务实施】

步骤 1:单击"开始"按钮,如图 1-1-2 所示。

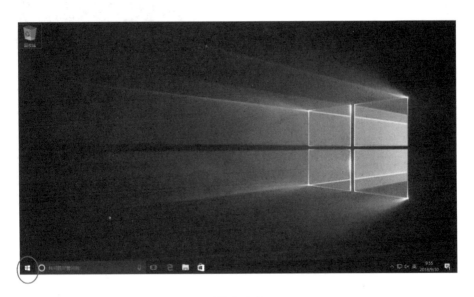

图 1-1-2

步骤 2：单击"设置"按钮，如图 1-1-3 所示。

图 1-1-3

步骤 3：单击"更新和安全"按钮，如图 1-1-4 所示。

图 1-1-4

步骤 4：单击"恢复"按钮，如图 1-1-5 所示。

图 1-1-5

步骤 5：单击"高级启动"下的"立即重启"按钮，如图 1-1-6 所示。

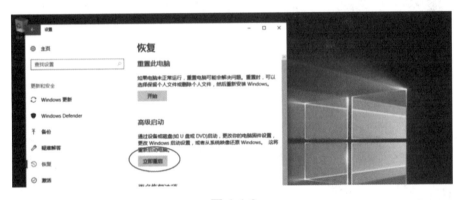

图 1-1-6

步骤 6：单击"立即重启"后，进入 WinRe 界面，单击"疑难解答"按钮，如图 1-1-7 所示。

图 1-1-7

步骤 7：进入"疑难解答"界面后，单击"重置此电脑"按钮，如图 1-1-8 所示。

图 1-1-8

步骤 8：选择"保留我的文件"，如图 1-1-9 所示。

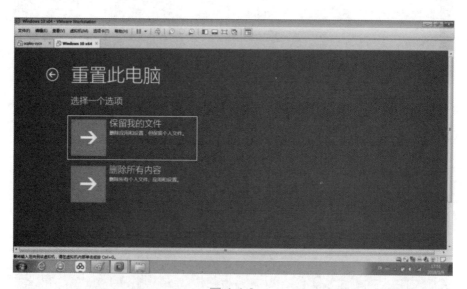

图 1-1-9

步骤 9：确定重置电脑"用户及密码"，如图 1-1-10 和图 1-1-11 所示。

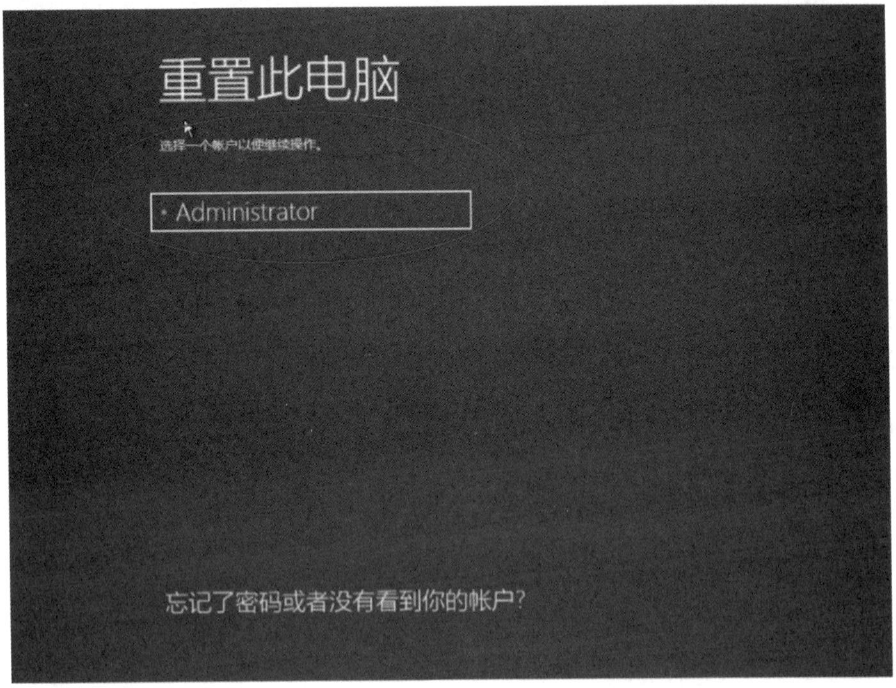

图 1-1-10

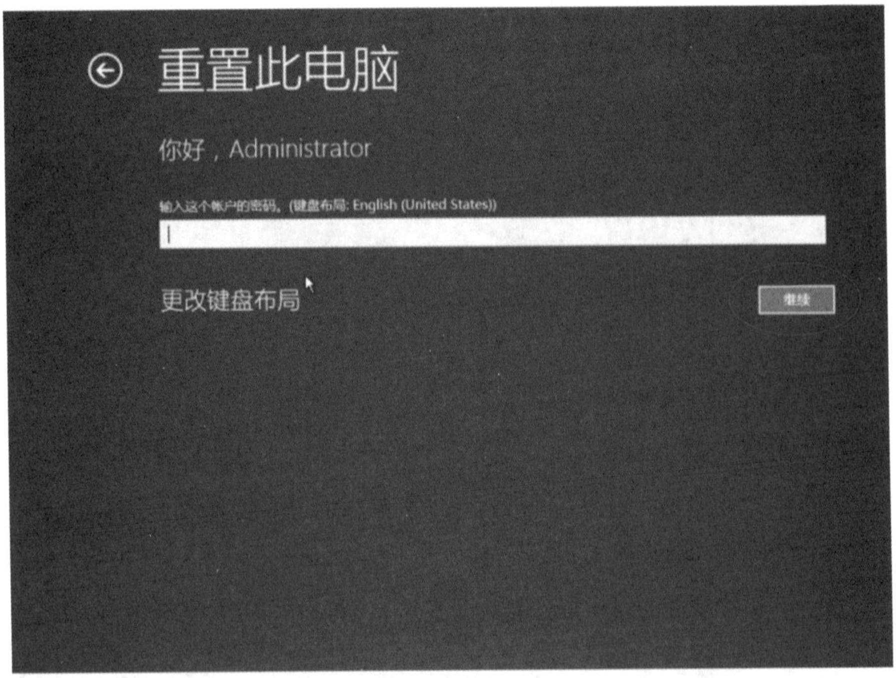

图 1-1-11

步骤 10：单击"重置"按钮，如图 1-1-12 所示。

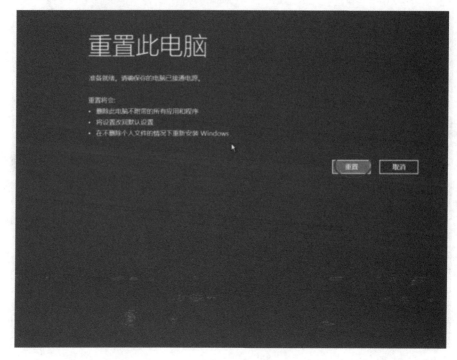

图 1-1-12

步骤 11：开始恢复系统，如图 1-1-13 所示。

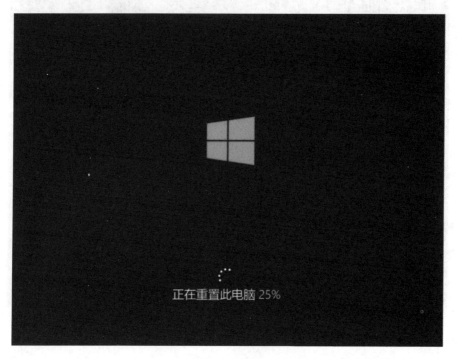

图 1-1-13

步骤 12：用户登录，如图 1-1-14 所示。

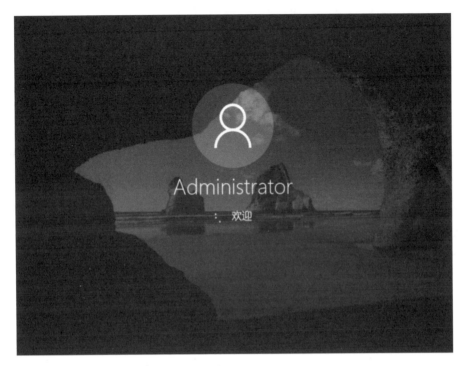

图 1-1-14

步骤 13：进入电脑桌面，操作系统恢复完成，如图 1-1-15 所示。

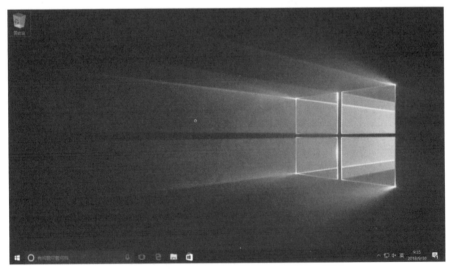

图 1-1-15

任务 2

操作系统重装

 【情景描述】

张先生的笔记本电脑安装的是 Windows 7 操作系统,最近怀疑电脑中了顽固病毒木马,杀毒软件查杀不了,运行的速度也越来越慢,于是准备将笔记本电脑操作系统重装、升级成 Windows 10 操作系统,体验一下更新版本的操作系统。

 【任务准备】

1. 重装系统

重装系统是指对计算机的操作系统进行重新安装。当用户误操作或病毒、木马程序的破坏,系统中的重要文件受损导致错误甚至崩溃无法启动,而不得不重新安装;有些电脑发烧友,在系统运行正常情况下为了对系统进行优化,使系统在最优状态下工作,而进行重装。

重新安装系统一般有覆盖式重装和全新重装两种方法。

2. Windows 10 操作系统重装注意事项

(1) 安装 Windows 10 系统的硬件要求

安装 Windows 10 系统所需的最低硬件配置环境,见表 1-2-1。

表 1-2-1

架　　构	X86(32 bit)①	X86-64(64 bit)②
CPU 主频	1 GHz 或更高	
内　　存	1 GB	2 GB
显　　卡	Direct X9 或更高	
硬盘空间	≥16 GB	≥20 GB

注：① X86(32 bit)：32 位版本的系统最高使用内存容量为 4 GB。

② X86-64(64 bit)：64 位版本的系统理论上可以无限支持,只要你主板上有足够的内存槽。

(2) 数据备份

当准备给电脑重装系统时,需要更改硬盘数据,所以要使用移动硬盘把整个笔记本电脑硬盘上重要数据全部复制到移动硬盘上,以免数据丢失。

（3）Windows 10 启动 U 盘制作方法

步骤 1：在微软官网下载"Media Creation Tool"的工具，安装后并运行此工具。勾选"为另一台电脑创建安装介质"项，单击"下一步"按钮，如图 1-2-1 所示。

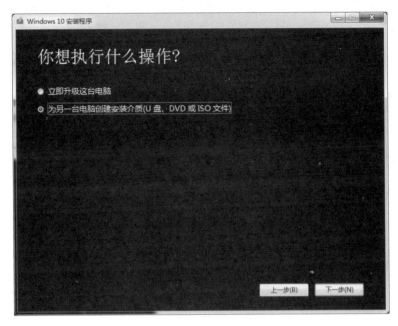

图 1-2-1

步骤 2：依次选择"语言""版本""体系结构"后单击"下一步"按钮，如图 1-2-2 所示。

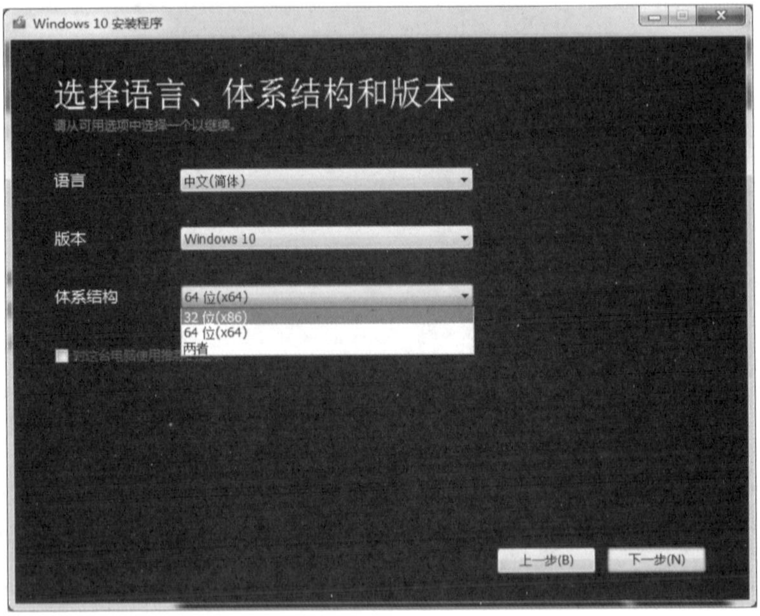

图 1-2-2

步骤3：插入一个8 GB或以上的空白U盘，然后单击"下一步"按钮，如图1-2-3所示。

图 1-2-3

步骤4：选择U盘（建议只插入一个U盘，直接单击"下一步"按钮），如图1-2-4所示。

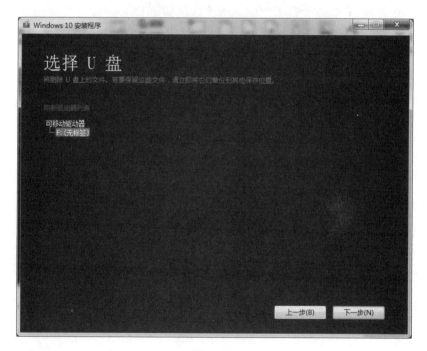

图 1-2-4

步骤5：开始下载系统，下载完后单击"下一步"按钮，如图 1-2-5 所示。

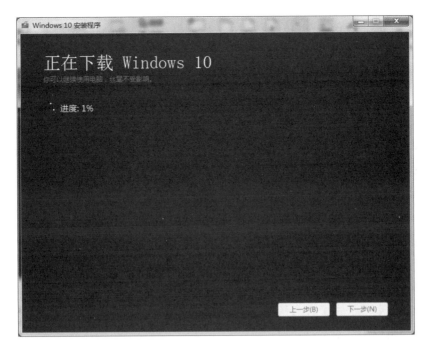

图 1-2-5

步骤6：单击"完成"按钮后 Windows 10 启动 U 盘完成制作，如图 1-2-6 所示。

图 1-2-6

（4）Windows 10 启动 U 盘使用方法

第一种：当 Windows 10 启动 U 盘制作完成后，将需要安装 Windows 10 的电脑打开并进入系统，插入 Windows 10 启动 U 盘，进入 U 盘，双击其中的"Setup.exe"程序即可启动 Windows 10 安装操作。

第二种：将 Windows 10 启动 U 盘插入目标电脑，并在 BIOS 下把 U 盘设置为第一启动项，即可启动 Windows 10 安装操作。

（5）驱动下载

安装系统之前，在本品牌电脑官方网站中下载好本机硬件驱动程序，否则安装完系统后硬件不能正常工作。

3. 磁盘分区表格式转换

Windows 7 操作系统使用的是 MBR 分区表格式磁盘，MBR 分区表模式的磁盘最大支持 2 TB 的磁盘空间。Windows 10 操作系统使用的是 GPT 格式的分区表，Windows 10 操作系统不支持 MBR 格式分区表，因此，在装入 Windows 10 系统前需要把磁盘的分区模式设置成 GPT 格式。

4. Windows 10 系统安装流程

（1）预装电脑中硬盘数据备份；

（2）Windows 10 启动 U 盘制作；

（3）BIOS 设置更改；

（4）硬盘分区模式更改；

（5）Windows 10 系统安装；

（6）系统设置；

（7）驱动安装。

 【任务实施】

步骤 1：把电脑里面重要数据资料复制到其他移动硬盘，如图 1-2-7 所示。

图 1-2-7

步骤 2: 开机按 F1 键进入 BIOS 开启 UEFI 引导模式, 如图 1-2-8 和图 1-2-9 所示。

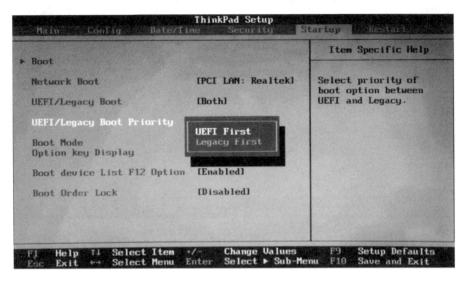

图 1-2-8

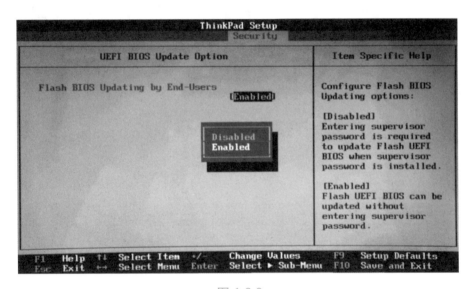

图 1-2-9

步骤 3: 第一启动项设置为 U 盘启动, 并保存退出, 如图 1-2-10 和图 1-2-11 所示。

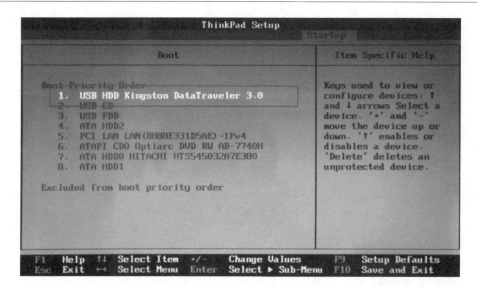

图 1-2-10

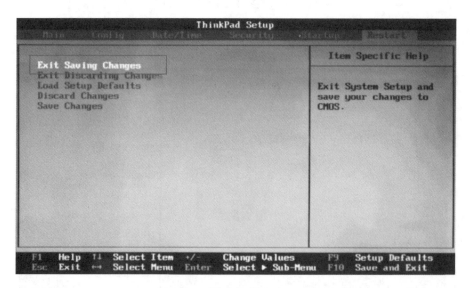

图 1-2-11

步骤 4：插入 Windows 10 启动 U 盘重新开机，设置语言、时间、及输入法，如图 1-2-12 所示。

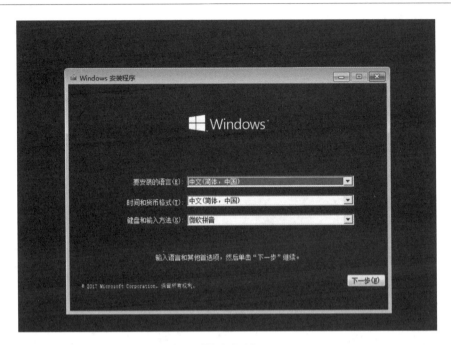

图 1-2-12

步骤 5：按下键盘上"Fn + Shift + F10"进入 cmd 命令窗口，如图 1-2-13 所示。

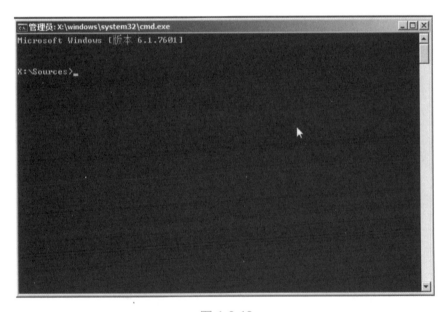

图 1-2-13

步骤 6：依次输入以下命令符

输入"硬盘分区"命令"diskpart"，按"Enter"键；输入"查看磁盘分区"命令"list disk"按"Enter"键；输入"选择磁盘"命令"select disk 0"按"Enter"键；输入"清空磁盘"命令

"clean",按"Enter"键；输入转换分区类型为 GPT 格式"convert gpt",按"Enter"键,如图
1-2-14 所示。

关掉 cmd 窗口,单击"下一步"按钮。

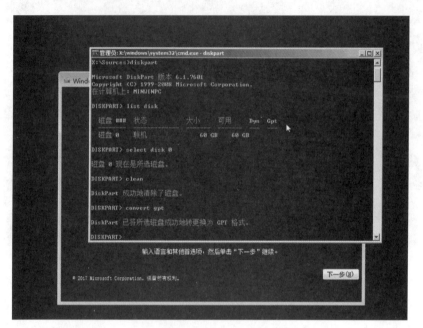

图 1-2-14

步骤 7:Windows 10 系统安装确认,单击"现在安装"按钮,如图 1-2-15 所示。

图 1-2-15

步骤 8：激活 Windows 操作系统，输入产品密钥，如图 1-2-16 所示。

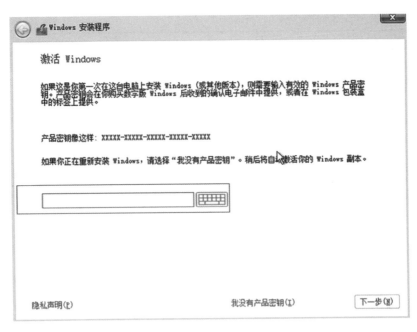

图 1-2-16

步骤 9：在"软件许可条款"对话框中，若接受该许可条款，则勾选"我接受许可条款"复选框，单击"下一步"按钮，如图 1-2-17 所示。

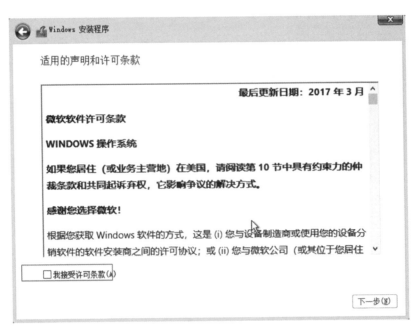

图 1-2-17

步骤 10：硬盘分区后，进入 Windows 系统安装进度界面，等待电脑完成后自动重启，如图 1-2-18 和图 1-2-19 所示。

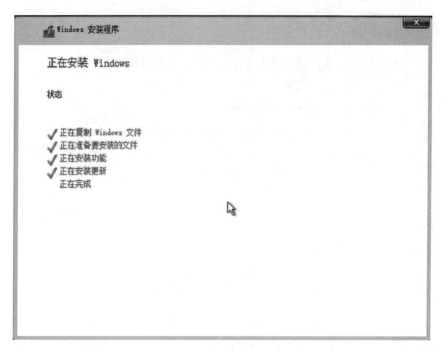

图 1-2-18

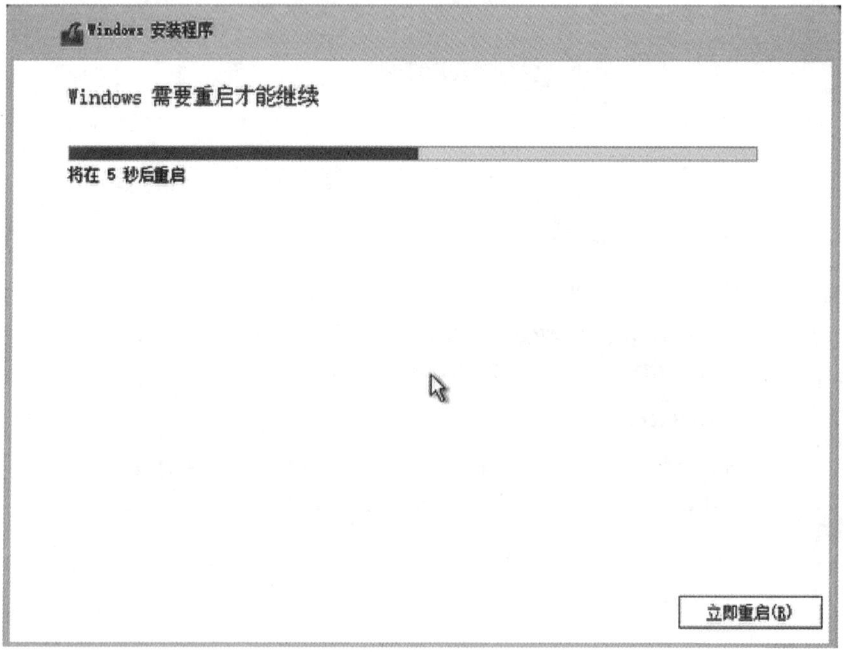

图 1-2-19

步骤 11：重启后，系统正在准备，如图 1-2-20 所示。

图 1-2-20

步骤 12：系统设置，选择方式后单击"下一步"按钮，如图 1-2-21 所示。

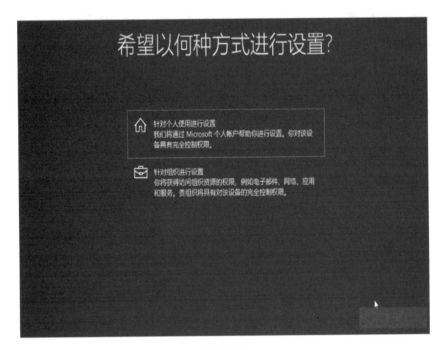

图 1-2-21

步骤 13：创建账户，输入用户名和密码，单击"下一步"按钮，如图 1-2-22、图 1-2-23 和图 1-2-24 所示。

图 1-2-22

图 1-2-23

图 1-2-24

步骤 14：开启"智能语音助理"单击"是"，如图 1-2-25 所示。

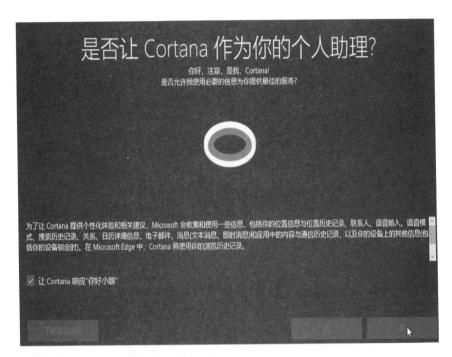

图 1-2-25

步骤 15：安装已下载的驱动包，确认各设备驱动正常，如图 1-2-26 所示。

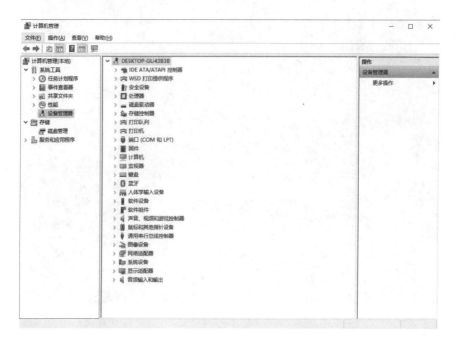

图 1-2-26

步骤 16：Windows 10 系统安装完成进入桌面，如图 1-2-27 所示。

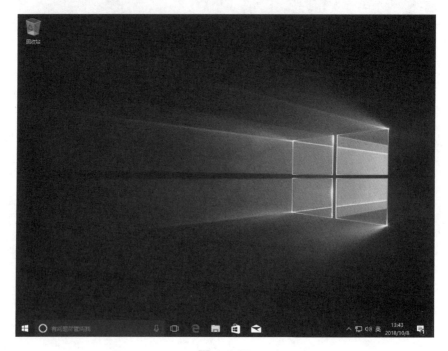

图 1-2-27

【项目总结】

本项目从实践入手,通过对笔记本电脑操作系统软件学习,主要介绍了笔记本电脑系统常见故障问题处理方案,以任务驱动方式对笔记本电脑操作系统的恢复、重装问题进行讲解。

任务名称	相关维修技能
笔记本电脑操作系统恢复	认识了解笔记本电脑典型操作系统
	掌握恢复笔记本电脑操作系统技能
	掌握备份笔记本电脑操作系统技能
笔记本电脑操作系统重装	笔记本电脑重要数据的备份技能
	掌握重新安装笔记本电脑操作系统技能
	掌握笔记本电脑硬件驱动程序的安装
	通过笔记本电脑硬件参数分析选择相匹配的操作系统

【实操练习】

1. 练习笔记本电脑硬盘格式化并分区。

2. 笔记本电脑磁盘 MBR 格式转换为 GPT 格式。

3. 下载并安装笔记本电脑硬件驱动程序。

项目二　笔记本电脑硬件配置升级

项目概要

　　笔记本电脑硬件配置的高低影响着电脑整体运行的性能。工作和生活中，我们经常碰到诸如对电脑内存扩容、加装固态硬盘、更换显示屏等技术操作问题。本项目主要介绍笔记本电脑硬件配置的组成及功能特性；讲述笔记本电脑硬件配置升级操作的技术要领；着重分析笔记本电脑硬件配置的拆装步骤和技巧。

项目目标

　　1. 了解笔记本电脑硬件配置的组成及功能特性。

　　2. 认识笔记本电脑内存条、固态硬盘及高清显示屏。

　　3. 掌握笔记本电脑硬件配置拆装的基本方法、要领、步骤、操作技巧。

　　4. 能够熟练运用工具进行笔记本电脑硬件配置的拆解与安装。

任务 1

内存条和固态硬盘加装

【情景描述】

设计师王先生在动画设计工作中,发现电脑读取文件速度有些慢,并且有时页面会提示内存不足。于是王先生决定要升级电脑的硬件配置,申请加装内存条和固态硬盘。

【任务准备】

1. 内存条和固态硬盘简述

(1) 内存条

笔记本电脑常见的内存条主要有 DDR3 和 DDR4 两种,如图 2-1-1 所示。DDR3 工作电压为 1.5 V,DDR4 工作电压为 1.35 V,DDR4 更节能,功耗更低,传输速率更快。加装内存时,主要注意以下几点:

① 主板有无多余内存插槽;

② 代数,不同 DDR 代数的金手指缺口不同,强行插入会导致内存插槽损坏;

③ 频率,内存频率不同较大概率出现笔记本电脑黑屏、死机现象;

④ 品牌,推荐使用与原内存条同品牌产品,减少出现兼容性不良的情况。

(a) DDR3 内存条   (b) DDR4 内存条

图 2-1-1

(2) 固态硬盘

加装固态硬盘可以提升读取速度,具备更快的开关机速度、更高的流畅度,和更快的文件读写速度,但对于电脑的整体性能影响不大。加装固态硬盘,可能出现以下几种情况:

① 笔记本电脑主板无多余硬盘接口,只能更换原机械硬盘;

② 笔记本电脑带有光驱位,可以将光驱位改为硬盘位,保持双硬盘;

③ 笔记本电脑主板带有 M.2 接口,同时加装 M.2 接口固态硬盘,保持双硬盘。目前,笔记本固态硬盘主要有 SATA 和 M.2 两种接口,M.2 接口的 SSD 速度要更快一些,如图 2-1-2 所示。

(a) SATA 接口　　　　　　　　　　　(b) M.2 接口

图 2-1-2

2. 笔记本电脑拆机方法

(1) 准备工具

笔记本电脑拆装使用螺丝刀套装、螺钉盒、撬棒、镊子、撬片等,如图 2-1-3 所示为部分专业工具。

(a) 螺丝刀套装　　　　　　(b) 螺钉盒　　　　　　(c) 撬棒、撬片

图 2-1-3

笔记本电脑的清洁是维修或加装部件后必不可少的一项工作,清洁工作主要是对电脑外壳、显示屏、键盘等部位的灰尘处理或异物清除。清洁工具主要有无尘布、清洁液、皮老虎、软毛刷,如图 2-1-4 所示。

(2) 维修术语

拆机中我们经常会提到笔记本 A 面、B 面、C 面和

图 2-1-4

D面等专业术语,所谓笔记本电脑的 ABCD 面,也称 ABCD 壳,是人们为了方便区分笔记本外表面所取的称呼,在一些笔记本拆机或者外观介绍中,经常会提到这个专业术语。

　　A 面指笔记本电脑合上后的最上面的那一面,通常会有笔记本的品牌 Logo,如图 2-1-5 所示。

图 2-1-5

B 面指笔记本电脑屏幕所在的那一面。

C 面指笔记本键盘所在的那一面,即有掌托及触摸板的面,如图 2-1-6 所示。

图 2-1-6

　　D 面指笔记本电脑的底面,即一般散热孔和电池所在的那一面,如图 2-1-7 所示。

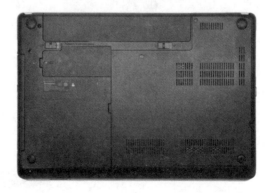

图 2-1-7

（3）拆机技巧

笔记本电脑结构大同小异，但拆卸方式略有不同。下面介绍几类笔记本通用拆机技巧。

第一类：D面散热模组有小盖板，如图2-1-8所示。这类笔记本电脑的底盖和主板之间没有隔离层，代表机型有联想Y450、ThinkPad E430等老机型。拆卸很简单，拆掉小盖板上的所有螺钉掀开小盖板即可看见内存条、硬盘等配件，进行升级操作。

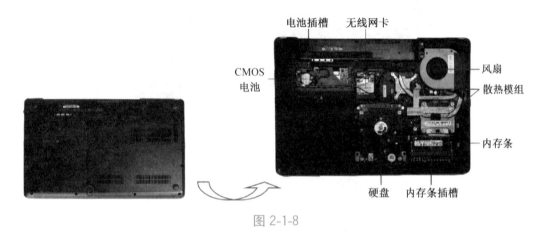

图 2-1-8

这类笔记本电脑拆卸主板时，先拆掉D面上的所有螺钉。尤其是小盖板里面螺钉要尤为注意，拆完螺钉后，取下硬盘、内存条、光驱（如果有）等部件。

接着拆掉键盘，但需要注意的是，此步骤并不适用于所有机型。有些机型的键盘是和C面固化在一起的，若如此就直接跳过此步骤（如果键盘的边框和C面是一个整体则说明键盘是固化在一起的，否则反之）。键盘的固定方式大致分两种，有的是纯卡扣，有的是卡扣＋螺钉，第一步中螺钉已经全部拆完，此时直接用边缘较薄的三角撬片（或硬质塑料卡片）插入键盘边框的缝隙，沿着边框顶端从左到右逐渐发力，将键盘和机身分离。

拆掉D面、键盘下方以及键盘后，可以对D面和C面进行分离操作。我们可以借助三角撬片（或硬质塑料卡片），沿着底盖和C壳之间的缝隙逐渐发力，取消卡扣之间的连接，此时就能将D面与C面分离开来。

第二类：D面采用一体化设计，底盖带有固定螺钉，如图2-1-9所示。底盖和主板之间无隔离层，代表机型有XPS 13/15等，此类机型多应用在游戏本或轻薄本上，最明显的特征是底盖是一体化成形的，上面除了必要的散热孔外没有其他任何小盖板，底盖和机身之间通过多颗螺钉或卡扣固定，这也是目前笔记本中最为常见的设计。拆掉底盖上的所有螺钉就能看到CPU风扇、散热器，甚至电池等部件。一般来说，D面固定螺钉用得比较多的机型，内部不会设计卡扣，螺钉拆完了即可轻松分离底盖。而螺钉用得比较少的则相反,需要在接缝处用平口螺丝刀(或硬质塑料卡片)逐渐分离 D 面和 C 面。

图 2-1-9

第三类:D 面散热器部分采用了隐藏设计,如图 2-1-10 所示。代表机型:联想 IdeaPad Y480/Y400、戴尔新 14R 等老机型,现在也几乎不多见。升级内存条、固态硬盘和拆卸主板方式与第一类相似(细节有差异)。

图 2-1-10

拆机小贴士:

(1)确认断掉电源并拆下电池;(2)准备防静电措施;(3)被拆卸的螺钉放入螺钉盒中,如图 2-1-3b 以免丢失,不同型号分开存放,并做好标记;(4)不要用蛮力拆卸主板上的各种排线;(5)注意隐藏中的固定螺钉。

【任务实施】

步骤 1：拔下电源，拧下机器 D 面盖板，找到内存条插槽位置，如图 2-1-11 所示。

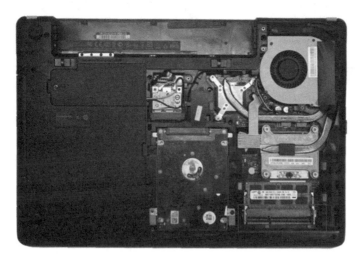

图 2-1-11

步骤 2：插入预加装的内存条，将卡槽两侧弹簧拨开，然后扣好内存条卡扣，如图 2-1-12 所示。

图 2-1-12

步骤 3：拧下光驱的固定螺钉，拔下电脑光驱，把固态硬盘装入光驱位硬盘托架上，并装入机器，如图 2-1-13 所示。

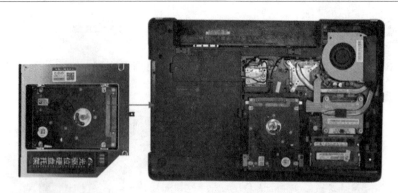

图 2-1-13

步骤 4：装入机器盖板，开机测试硬盘及内存是否正常识别。

步骤 5：笔记本电脑外观清洁。

（1）外观表面及壳可用无尘布加清洁液进行擦拭。

（2）显示器屏幕可以先喷一些清洁剂，然后再用无尘布轻轻擦拭。

（3）键盘里的灰尘或异物，先用软清洁刷清扫，同时把键盘向下轻轻拍拍或者用皮老虎轻轻吹出。

任务 2

高清显示屏的更换

【情景描述】

张工的笔记本电脑的显示屏是普通分辨率的屏幕，出于工作需要，他要把屏幕更换成高分辨率的显示屏幕。于是，他找到了维修店的李师傅请求帮助。

【任务准备】

1. 笔记本电脑液晶屏种类

笔记本电脑的显示屏是平板液晶显示屏（LCD）。它的构造是在两片平行的玻璃当中放置液态的晶体，两片玻璃中间有许多垂直和水平的细小电线，通过通电与否来控制杆状水晶分子改变方向，将光线折射出来产生画面。显示屏作为笔记本电脑的重要组成部分，按屏幕硬度、屏幕背光、屏幕触控、屏幕表面等可以作出如下分类：

（1）按照屏幕硬度区分，笔记本电脑显示屏可分为 IPS 和 TN 两种屏幕。IPS 屏幕为硬屏，色彩效果要比 TN 屏幕强，价格较高。TN 屏幕被称为软屏，在响应时间上比 IPS 屏幕快。

（2）按照屏幕背光区分，笔记本电脑显示屏可分 LED 背光与 CCFL 背光。目前市场上的电脑基本上为 LED 背光，它里面每个像素都有单独的灯管，图像清晰，比较耐用。CCFL 背光主要应用于老款显示屏上，由两个单独的背光灯管构成，假如灯管损坏，屏幕将直接黑一片，如图 2-2-1 所示。

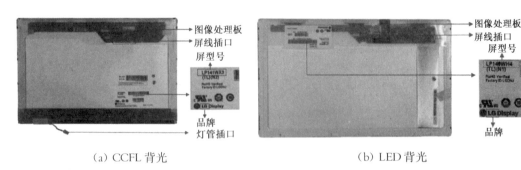

（a）CCFL 背光 　　　　　　　　　（b）LED 背光

图 2-2-1

（3）按照屏幕触控区分，笔记本电脑显示屏可分普通屏与触控屏，普通屏主要被应用于我们常使用的办公或者游戏的笔记本电脑之上，而触控屏则更多应用于一些高端超极本。

（4）按照屏幕表面区分，笔记本电脑显示屏可分高亮屏与防眩光屏，高亮屏的显示效果较好，颜色更加鲜艳。防眩光屏可以防止光的折射与反射，能对视力起到一定的保护作用。

2. 液晶屏外观尺寸和分辨率

（1）外观尺寸

液晶显示屏的尺寸就是液晶显示屏有效可视面积的大小，并且是液晶显示屏幕对角线的长度。我国从 20 世纪 80 年代开始，已经规定用公制替代英制，但人们仍习惯用英制来计量屏幕的尺寸，计量单位的换算关系是，1 cm = 0.393 7 in 或 1 in = 2.54 cm。例如，14 英寸就是屏幕对角线长度 14×2.54 cm = 35.56 cm。常见的笔记本电脑屏幕有 11 英寸、12 英寸、13.3 英寸、14.1 英寸、15 英寸、17 英寸几种常规规格。每种规格一般可分为标屏和宽屏两种，如图 2-2-2 所示。

（a）标屏　　　　　　　　　　　　　　（b）宽屏

图 2-2-2

（2）分辨率

液晶显示屏的分辨率与台式机 CRT 显示器不同，一般不能任意调整。不同显示模式有不同分辨率，如：

VGA：全称为 Video Graphics Array，这种屏幕在笔记本里面已经绝迹了，是很古老的笔记本使用的屏幕，支持最大像素为 640×480，但现在仍有一些小的便携设备还在使用这种屏幕。

SVGA：全称为 Super Video Graphics Array，属于 VGA 屏幕的替代品，支持最大像素为 800×600，屏幕大小为 12.1 英寸，现在仍有部分笔记本还在使用。

XGA：全称为 Extended Graphics Array，现在最常见的笔记本屏幕，80% 以上的笔记本采用这种屏幕,支持最大像素为 1024×768,屏幕大小有 10.4 英寸、11.3 英寸、12.1 英寸、13.3 英寸和 14.1 英寸。

SXGA+:全称为 Super Extended Graphics Array,是目前中高端笔记本用的屏幕,支持最大像素 1 400×1 050,一般出现在 14.1 英寸和 15.1 英寸屏幕上。

3. 笔记本电脑换高清显示屏的注意事项

第一,屏幕的尺寸和分辨率,选购 LCD 屏幕时一定要严格以自己笔记本的屏幕尺寸为标准;其次是分辨率的比例问题,使用一些检测硬件的软件看看自己的屏幕是 16:10 还是 16:9 的;最后就是分辨率的问题,一般来说,很老的显卡尤其是集显是不支持 1 080P 分辨率显示屏,如果不确定自己的笔记本是否支持高分辨率可以外接显示器测试一下。

第二,显示屏的面板类型和品牌,我们可以选择的大部分高清面板均为 TN 屏幕,毕竟高分的 TN 屏幕,角度虽然比不过 IPS 屏幕的全视角,但是价格很便宜。

第三,屏线,屏线指的是连接笔记本主板和 LCD 屏幕面板之间用于供电和传输信号的线材,分为单 6 屏线和双 6 屏线(俗称满线)。其中,单 6 屏线最高只能支持到 1 366×768 像素,而双 6 屏线则可达到 1 920×1 080 像素且向下兼容。建议检查自己的笔记本屏线属于什么类型,如图 2-2-3 所示。

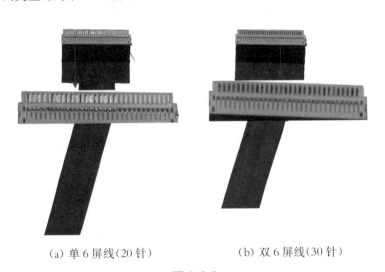

(a) 单 6 屏线(20 针)　　　(b) 双 6 屏线(30 针)

图 2-2-3

【任务实施】

步骤 1:切断笔记本电脑电源并拆下电池,拧下固定键盘及压条螺钉,如图 2-2-4 所示。

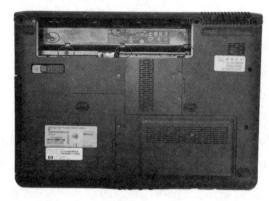

图 2-2-4

步骤 2:拔掉键盘与主板连接线,拆下笔记本键盘,拔掉压条与主板连接线,拆下压条面板,如图 2-2-5 所示。

图 2-2-5

步骤 3:拆下压条面板,拔掉与主板相连屏线插头,如图 2-2-6 所示。

（a）压条面板　　　　　　　　　　（b）屏线插头

图 2-2-6

步骤 4:拔掉 B 壳固定螺丝上减振胶垫,再拧下 B 壳固定螺钉,拆下 B 壳屏框,如图 2-2-7 所示。

　　　　图 2-2-7　　　　　　　　　　　　　　图 2-2-8

步骤 5：拧下固定液晶屏螺钉，拆下液晶屏。如图 2-2-8 所示。

步骤 6：向下拔掉屏线和灯管插线，拆掉屏轴帽，如图 2-2-9 所示。

　　（a）拔掉屏线　　　　　　　　　　（b）拆掉屏轴帽

图 2-2-9

步骤 7：更换高清屏线，如图 2-2-10 所示。

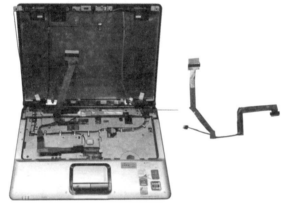

图 2-2-10

步骤 8：把高清屏线装入机器并插好，装入 B 壳并拧紧螺钉，如图 2-2-11 所示。

图 2-2-11

步骤 9：装入键盘及压条，拧好 D 壳螺钉，最后装入电池，如图 2-2-12 所示。

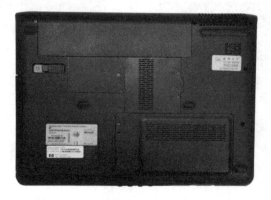

图 2-2-12

步骤 10：开机进入系统，查看屏幕分辨率，显示正常，如图 2-2-13 所示。

图 2-2-13

【项目总结】

本项目从实践入手,完成对笔记本电脑内存条、固态硬盘等硬件的升级和笔记本电脑高清显示屏的更换任务。在任务实施过程前引入相关硬件的基础知识,对笔记本电脑硬件进行升级的实践操作技能。

任务名称	相关的技能
加装固态硬盘和内存条	了解笔记本电脑硬盘的基本参数及选配
	了解笔记本电脑内存的基本参数及选配
	掌握加装升级笔记本电脑固态硬盘的技能
	掌握加装升级笔记本电脑内存条的技能
更换高清显示屏	了解高清显示屏的重要参数及选配
	掌握笔记本电脑更换显示屏技能与操作

【实操练习】

1. 练习更换笔记本电脑内存条。

2. 使用固态硬盘替换笔记本电脑内原机械硬盘,并把原机械硬盘内数据导入固态硬盘内。

3. 练习更换笔记本电脑屏线。

4. 练习更换笔记本电脑液晶显示屏。

项目三　笔记本电脑暗屏故障维修

项目概要

　　暗屏是液晶显示器使用中的一种故障。笔记本电脑显示器最容易损坏的配件是高压板、电源板和灯管,而更换显示器灯管是维修液晶显示器最繁琐的一个故障,对技术员的维修水平要求很高,拆下来的液晶屏很薄也易碎,所以风险性也是最高的。

　　本项目针对笔记本电脑显示器暗屏故障的维修操作进行了讲解,主要对液晶显示器灯管更换操作要领以及对灯管驱动电路的工作原理和故障判断重点介绍。

项目目标

　　1. 认识笔记本电脑显示器的结构及作用。

　　2. 掌握笔记本电脑液晶屏灯管更换的操作方法。

　　3. 能够运用电路原理知识进行显示器暗屏故障的检修和判断。

任务1

液晶屏灯管的更换

 【情景描述】

　　小明发现笔记本电脑开机后里面有影像，但是屏幕不亮非常暗，拿到电脑维修店，维修师傅把笔记本电脑外接显示器，能看到电脑顺利进入系统，因此，怀疑笔记本电脑的液晶屏灯管出现故障，准备做进一步维修。

 【任务准备】

　　1. 笔记本电脑显示屏结构

　　笔记本电脑显示屏的构造：主要由背光源、偏光板、彩色滤光板、玻璃基板（含公共电极）等部分组成。笔记本电脑不可能像台式机用的液晶显示器一样拥有独立的外壳和支架。为了进一步减少重量，笔记本电脑的显示器都是设计在顶盖之中。如图 3-1-1 所示为笔记本电脑显示屏结构。

　　笔记本电脑液晶屏灯管和家里使用的节能灯与荧光灯灯管是相同的，是需要在加电时使用上千伏的高电压激活灯管内的惰性气体，而后在较低电压下维持灯管的持续发光。灯管的主要作用是照亮屏幕。

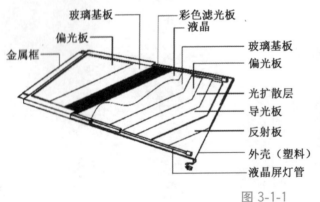
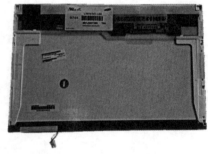

图 3-1-1

　　2. 拆卸工具及注意事项

　　拆卸显示器时主要使用防静电手环、橡胶手套、一字和十字螺丝刀、海绵垫、无尘布、胶带纸、电烙铁等工具。

（1）拆卸显示器时一定要断开电源；

（2）更换液晶屏灯管的规格尺寸要与屏幕尺寸保持一致，常见尺寸有 11 英寸、12 英寸、13.3 英寸、14.1 英寸、15 英寸、17 英寸等；

（3）高压线与灯管焊接是否牢固；

（4）屏幕与灯管要轻拿轻放以防损坏；

（5）更换灯管时液晶屏要放好，以防摔坏。

 【任务实施】

步骤 1：轻轻揭开 B 面的缓冲垫，用十字螺丝刀拧下螺钉，并分类存放在整理盒中，卸下 B 面。

步骤 2：观察屏线，将屏线与接口慢慢分离。

步骤 3：用十字螺丝刀拧下灯管槽固定螺钉（有些屏幕是卡口），如图 3-1-2 所示。

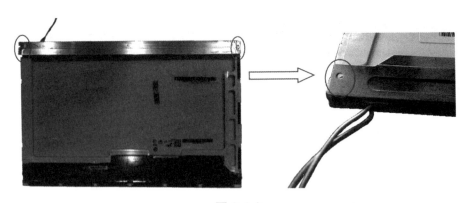

图 3-1-2

步骤 4：从反光槽两侧用力，轻轻地把反光槽连同灯管一起从液晶屏的灯管槽内往上拉起拆下反光槽，如图 3-1-3 所示。

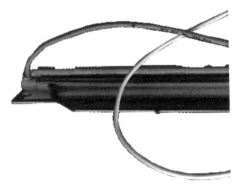

图 3-1-3

步骤 5：用最小号螺丝刀或者牙签小心从两端慢慢挑起灯管，最后灯管就可以整根取出，取出旧灯管可以看到两端显示发黑，如图 3-1-4 所示。

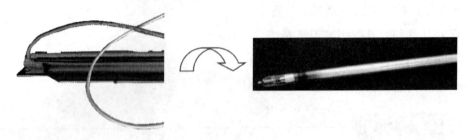

图 3-1-4

步骤 6：然后将新灯管放在反光槽里，如图 3-1-5 所示。

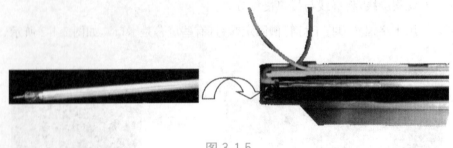

图 3-1-5

步骤 7：把灯管槽放进液晶屏里，测试灯管正常，拧上灯管固定螺钉。将液晶屏装入 B 面，更换完成。

高压板故障维修

【情景描述】

笔记本电脑开机后,液晶屏上显示的文字或图像非常暗淡、机器暗屏,拆机检测发现灯管两端没有明显发黑现象,更换好的灯管测试也无法正常点亮,排线也没有开路现象,因此初步判断是笔记本电脑高压板出现问题。

【任务准备】

1. 笔记本电脑高压板简述

高压板也叫逆变器或升压板,直流供电电压有 5 V(东芝)、12 V、16 V(IBM、DELL)、19 V(东芝、DELL),主要用于产生 1 500～1 800 V 和 600～800 V 的工作电压。其中 1 500～1 800 V 为启动电压,用来启动液晶显示屏背光灯管;600～800 V 电压为点亮灯管后为液晶屏的背光源提供工作电压。高压板实物如图 3-2-1 所示。

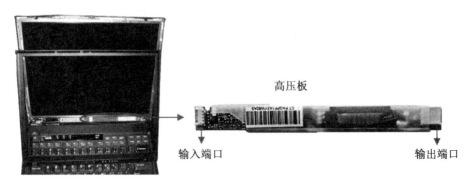

图 3-2-1

2. 笔记本电脑高压板工作原理

当笔记本电脑内存检测过后,由显卡或者北桥输出开关信号(电压 0 或 3.3 V)控制高压板,控制信号电压为 3.3 V 时高压板开始工作,工作瞬间产生约 1 500 V 的高压交流电来点亮灯管,然后在短时间内降低至约 800 V,这段时间大约持续 1～2 s,如图 3-2-2 所示为高压板工作电压曲线图。灯管正常点亮后,按下键盘上的 FN + 亮、暗调节按键后,通过由主控芯片输出亮度控制信号(电压 0～5 V)控制高压板输出电流,调节灯管的亮暗,控制信号电压越低时,高压板向负载提供的电流越小,亮度就越暗。

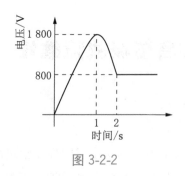

图 3-2-2

3. 笔记本电脑高压板故障检修流程

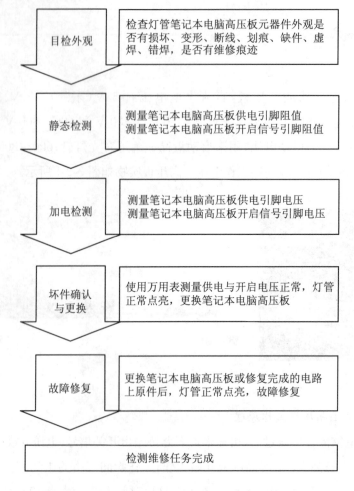

| 目检外观 | 检查灯管笔记本电脑高压板元器件外观是否有损坏、变形、断线、划痕、缺件、虚焊、错焊,是否有维修痕迹 |

| 静态检测 | 测量笔记本电脑高压板供电引脚阻值
测量笔记本电脑高压板开启信号引脚阻值 |

| 加电检测 | 测量笔记本电脑高压板供电引脚电压
测量笔记本电脑高压板开启信号引脚电压 |

| 坏件确认
与更换 | 使用万用表测量供电与开启电压正常,灯管正常点亮,更换笔记本电脑高压板 |

| 故障修复 | 更换笔记本电脑高压板或修复完成的电路上原件后,灯管正常点亮,故障修复 |

检测维修任务完成

【任务实施】

步骤 1:切断电源并拆下笔记本电脑电池,拆下 B 面屏框,如图 3-2-3 所示。

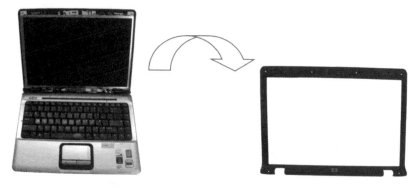

图 3-2-3

步骤 2：观察笔记本电脑高压板电路元器件外观是否有损坏，电路有无短路烧焦痕迹，如图 3-2-4 所示。

图 3-2-4

步骤 3：使用数字万用表蜂鸣挡，测量笔记本电脑高压板供电引脚对地阻值。如图 3-2-5 所示，结果正常，无短路，排除此故障。

图 3-2-5

步骤4:使用数字万用表蜂鸣挡,测量笔记本电脑高压板开启信号引脚对地阻值。如图 3-2-6 所示,结果正常,无短路,排除此故障。

图 3-2-6

步骤5:使用数字万用表直流电压挡,测量供电引脚电压,如图 3-2-7 所示,结果为 5 V,测量结果正常。

图 3-2-7

步骤6:使用数字万用表直流电压挡,测量开启信号引脚电压为 3.3 V,如图 3-2-8 所示,测量结果正常。

图 3-2-8

步骤 7：通过测量高压板供电、开启信号都正常，判断笔记本电脑高压板损坏，更换笔记本电脑高压板后屏幕显示正常，可调节亮度，故障解决，装入 B 面屏框。

 【项目总结】

本项目从实践入手，介绍了笔记本电脑暗屏故障现象，通过对笔记本电脑暗屏故障分析，以任务驱动式来讲解维修笔记本电脑黑屏故障的维修技能。

任务名称	相关的技能
笔记本电脑液晶屏灯管的更换	了解笔记本电脑灯管的参数及工作条件
	更换笔记本电脑显示屏灯管操作技能
	对更换的部件进行严格的烧机测试
笔记本电脑高压板故障维修	了解笔记本电脑显示屏逆变器的参数及工作条件
	掌握更换笔记本电脑显示器逆变器的技能
	对更换后的部件进行严格的检测

 【思考与练习】

1. 简述笔记本电脑出现暗屏故障的检修思路。

2. 简述笔记本电脑灯管好坏的判断标准。

3. 简述笔记本电脑高压板故障检修流程。

项目四　笔记本电脑黑屏故障维修

项目概要

　　电脑显示屏是电脑不可或缺的硬件之一,电脑黑屏是比较容易出现的问题,尤其是在一些较老的电脑中。电脑黑屏故障的原因有多种,如显示器损坏、显卡损坏、显卡供电系统故障等,也有的是人为的造成电脑黑屏。本项目将会对笔记本电脑黑屏故障的原因进行详解,主要分析主板显卡芯片虚焊、显示系统供电电路故障等引起笔记本电脑黑屏的原因,讲述笔记本电脑黑屏故障检测流程及维修方法,介绍笔记本电脑黑屏维修技巧和相关的工作原理。

项目目标

　　1. 了解引起笔记本电脑黑屏故障的不同原因。

　　2. 掌握笔记本电脑主板显卡芯片虚焊的维修技巧。

　　3. 理解笔记本电脑显示系统供电电路工作原理。

　　4. 通过对电路图的认识,学会分析电路工作原理和故障检测流程及方法。

主板显卡芯片虚焊引起的黑屏故障维修

 【情景描述】

笔记本电脑开机后没有任何反应,电源灯亮,风扇也工作,就是显示器没有任何反应,维修师傅检查后发现内存并无异常。经客户描述前两天笔记本电脑不小心摔了一下,因此维修师傅怀疑笔记本电脑的显卡出现问题。

 【任务准备】

1. 笔记本电脑显卡简述

笔记本电脑显卡是仅次于 CPU 的重要硬件之一,作为显示设备的一部分,显卡是用来转换数模信号承担图像输出任务的一种设备,它负责输出的同时进行图形处理,最终目的是协助 CPU 进行运算,减轻 CPU 的负担。

笔记本电脑的显卡有独立显卡和集成显卡之分,集成显卡是将显卡集成在 CPU 或北桥上,而独立显卡则是独立出来焊接在主板的芯片及部分区域(独显附近有显存芯片),也有一部分独立显卡是可插拔的,如图 4-1-1 所示为两种不同方式的独立显卡。

显存
显卡

(a) MXM 插槽独立显卡　　　　　　(b) BGA 封装独立显卡

图 4-1-1　笔记本独立显卡

笔记本电脑有很多显示类的故障,大部分是焊接在主板上的独立显卡出问题导致的,如花屏、黑屏等。而出现这种现象主要有三种原因：一是主板散热不好，温度持续上升，引起虚焊；二是显卡本身质量问题；三是笔记本电脑进水、摔伤等原因。

2. 笔记本电脑显示原理

显卡最基本的工作内容就是将用户的操作内容能在屏幕上正确显示，是"人机对话"的重要设备之一。CPU 一次次地读出内存的数据，经运算处理后将运算执行的结果存入内存中。然后 CPU 再经过主板中的总线，将显示信号传输至显卡，显卡经过内部处理之后将数据存入显存（如同计算机的内存一样，显存是用来存储要处理的图形信息的部件），之后将显存中的数据进行数模转换，最后输出到屏幕上。

以下四种分别为不同主板架构中的信息显示流程图。

（1）双芯片组集显（代表系列 150，如图 4-1-2 所示）

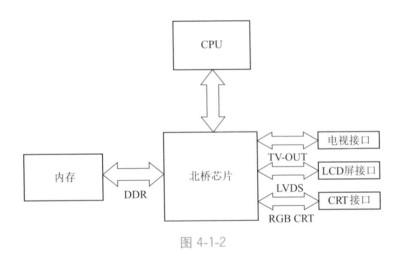

图 4-1-2

（2）单芯片组集显（代表系列 X230，如图 4-1-3 所示）

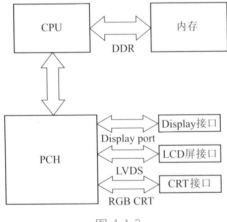

图 4-1-3

（3）双芯片组独显（代表系列 T60，如图 4-1-4 所示）

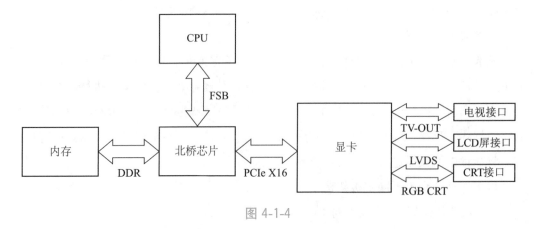

图 4-1-4

（4）单芯片组独显（代表系列 E430，如图 4-1-5 所示）

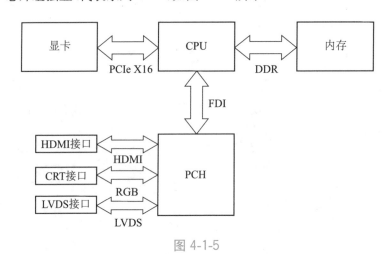

图 4-1-5

3. 用可调电源判断笔记本电脑的常见故障

笔记本电脑在开机的时候，主板上各个电路按照相应的上电顺序，逐一启动，在加电自检的时候也会按相应的顺序，因此在按下开关开机的时候，由于工作的电路不断地增加，电流会不断地增大，通过自检的设备不断增加，电流也会不断增加，当机器自检完毕，电流就会到达一定的值。

检测时，根据可调电源显示的电流值，可以判断笔记本电脑在开机的过程中，哪些电路工作，哪些电路没有工作，哪些设备通过自检，哪些没有通过自检，从而找出引起笔记本电脑故障的原因。图 4-1-6 所示为笔记本电脑主要上电时序以及电流变化情况。

待机时电流非常小，正常电流值在 10～80 mA，一般的主板需要电流 20 mA，也有部分主板要求达到 80 mA。

图 4-1-6

开机后系统供电电路开始工作,电流增大,系统供电正常时在可调电源中可以看到电流有三次跳变(CPU 自检→内存自检→显卡自检)。显卡自检完成后,电流短暂停留然后稳定上升,屏幕显示。

4. 显卡虚焊引起的黑屏故障检修流程

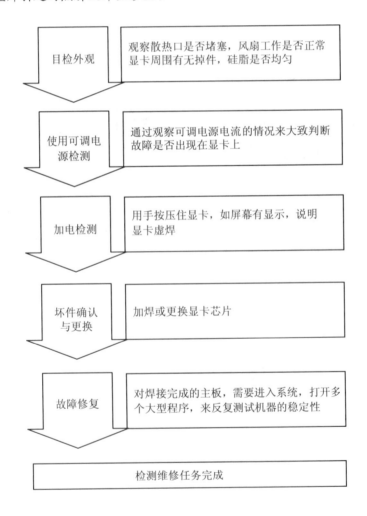

【任务实施】

步骤 1：取下电池，插入直流稳压可调电源观察待机电流，待机电流正常，如图 4-1-7 所示。

图 4-1-7

步骤 2：按下开关，观察发现电流上升，初步判断 CPU、内存开始工作，如图 4-1-8 所示。

图 4-1-8

步骤 3：发现电流在 0.9 A 时轻微变换，怀疑显卡没有正常工作，如图 4-1-9 所示。

图 4-1-9

步骤 4:拆机,取出主板,用手按压显卡芯片上部,此时电流上升,由此判定故障部位显卡虚焊,如图 4-1-10 所示。

图 4-1-10

步骤 5:使用 BGA 焊接台加焊显卡芯片后,再把主板接入电源,按下开关,电流上升,结果正常,如图 4-1-11 所示。

图 4-1-11

步骤 6:装机,屏幕点亮,测试各功能正常,故障解决。

注意:如果加焊后屏幕还是没有点亮,说明显卡已经损坏,需要更换显卡。

主板显示系统供电电路维修

 【情景描述】

　　笔记本电脑开机后没有任何反应但电源灯亮,风扇也工作就是显示器没有任何反应。维修师傅经过拆机检测发现,用万用表测量主板上的显示系统供电电路,发现并没有产生供电,因此判断该笔记本电脑主板供电出现问题。

 【任务准备】

　　1. 笔记本电脑主板显示系统供电电路简述

　　笔记本电脑主板显示系统供电电路主要是给笔记本主板的显示核心供电,一是核心显卡供电电路,二是独立显卡供电电路。

　　2. 笔记本电脑主板显示系统供电电路的结构组成

　　(1) 笔记本显示系统供电电路主要元件

　　笔记本显示系统供电电路一般采取开关电源电路,由电源管理芯片、场效晶体管(M),还有辅助滤波作用的电感(L)、电容(C)等元器件组成,如图 4-2-1 所示。

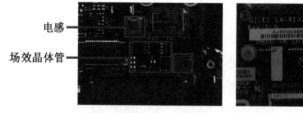

图 4-2-1

　　电源管理芯片工作正常后产生的 PWM 脉冲信号驱动上管、下管,不断的导通截止,将电源输出的电能储存在电感中,然后输出给负载。

　　(2) 笔记本电脑显示系统供电电路主要电压

　　① + GFX_CORE 供电为 CPU 内集成显卡的显示核心的供电,此供电通常由独立的

开关稳压电源电路提供,如图 4-2-2 所示。

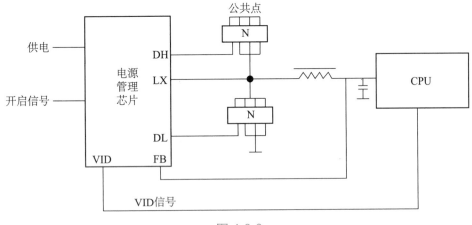

图 4-2-2

② VGA_CORE 供电为独立显卡显示核心的供电,此供电通常由独立的开关稳压电源电路提供,如图 4-2-3 所示。

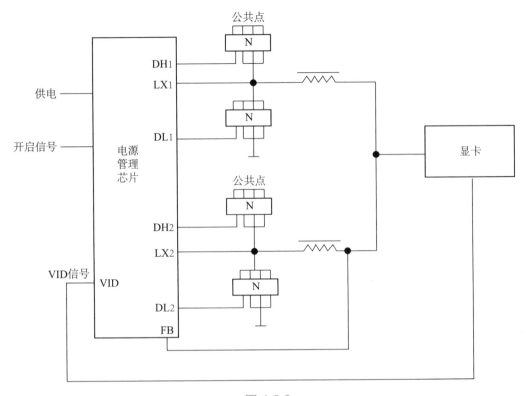

图 4-2-3

3. 笔记本电脑主板显示系统供电电路工作过程

主板公共点电压正常后,为芯片 17 脚提供主供电,5 V 电压为芯片 16 脚 VDD、25 脚 VCCP 作为芯片内部数字电路及模拟电路提供供电,5 V 电压另一路通过芯片内部为 BOOT 供电。

当电源管理芯片得到 VR-ON 开启后,芯片通过 VID 信号识别引脚控制显卡电源管理芯片工作。由 UGATE1、2 引脚和 LGATE1、2 引脚分别输出脉冲方波信号 (UGATE1、2 引脚输出高电平时,LGATE1、2 引脚输出低电平)。

当 UGATE1 端输出高电平信号给场效晶体管 PQ807 时,PQ807 导通,同时从 LGATE1 端输出低电平信号给场效晶体管 PQ808,PQ808 截止;当 UGATE2 端输出高电平信号给场效晶体管 PQ804 时,PQ804 导通,同时从 LGATE2 端输出低电平信号给场效晶体管 PQ805,PQ805 截止。

公共点 20 V 电压经 PQ807、PQ804 把供电送入 PL801、PL802 储能、滤波,再把两相供电相互叠加。并经电容滤波后输出更为平滑纯净的电压为显卡供电。

电路电源管理芯片将调整 UGATE、LGATE 端输出的方波幅宽,最终调整输出的显卡主供电电压,直至与标准电压一致。由稳压反馈电路反馈调节,最后产生 PGOOD 电源信号。如图 4-2-4 所示为某品牌 E430 笔记本电脑独立显卡供电部分。

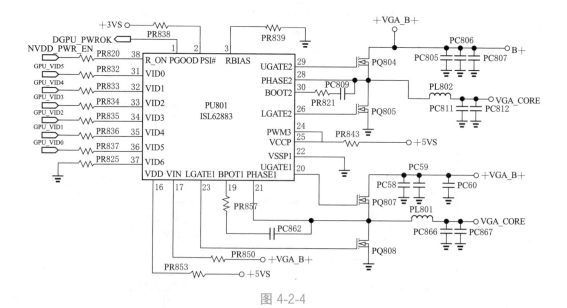

图 4-2-4

4. 笔记本电脑主板显示系统供电电路故障检修流程

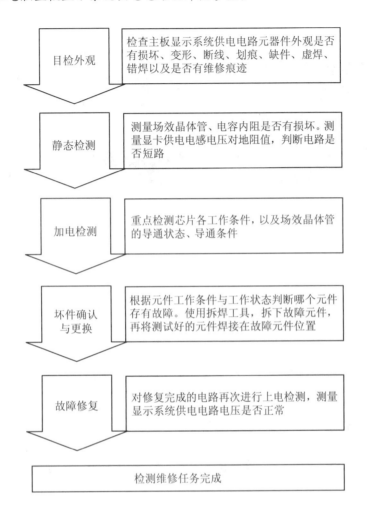

目检外观	检查主板显示系统供电电路元器件外观是否有损坏、变形、断线、划痕、缺件、虚焊、错焊以及是否有维修痕迹
静态检测	测量场效晶体管、电容内阻是否有损坏。测量显卡供电电感电压对地阻值，判断电路是否短路
加电检测	重点检测芯片各工作条件，以及场效晶体管的导通状态、导通条件
坏件确认与更换	根据元件工作条件与工作状态判断哪个元件存有故障。使用拆焊工具，拆下故障元件，再将测试好的元件焊接在故障元件位置
故障修复	对修复完成的电路再次进行上电检测，测量显示系统供电电路电压是否正常

检测维修任务完成

【任务实施】

步骤 1：拆机，取出笔记本电脑主板，如图 4-2-5 所示。

图 4-2-5

步骤 2：观察显卡供电电路中的元器件外观、显卡晶体是否有损坏，电路有无烧焦痕迹，如图 4-2-6 所示。

图 4-2-6

步骤 3：使用数字万用表蜂鸣挡，红表笔接地，黑表笔接 PL802，测量结果正常，排除电路短路故障，如图 4-2-7 所示。

图 4-2-7

步骤 4：使用数字万用表直流电压挡，测量 PL802 对地电压，测量结果异常，继续测量前级，如图 4-2-8 所示。

图 4-2-8

步骤 5：使用数字万用表直流电压挡，测量 PQ807 的 D 极电压，测量结果正常，排除此故障，如图 4-2-9 所示。

图 4-2-9

步骤 6：使用数字示波器测量 PQ807 的 G 极脉冲方波信号，测量结果异常，继续测量前级，如图 4-2-10 所示。

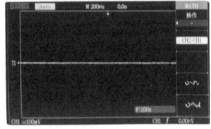

图 4-2-10

步骤 7：使用数字万用表直流电压挡，测量 PU801 的 17 脚 VIN 电压。测量结果正常，排除此故障，如图 4-2-11 所示。

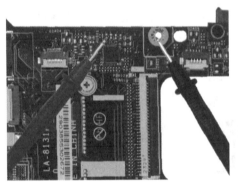

图 4-2-11

步骤 **8**:使用数字万用表直流电压挡,测量 PU801 的 16 脚 VDD 电压。测量结果正常,排除此故障,如图 4-2-12 所示。

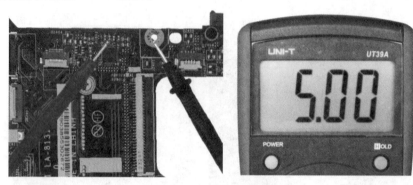

图 4-2-12

步骤 **9**:使用数字万用表直流电压挡,测量 PU801 的 25 脚 VCCP 电压。测量结果正常,排除此故障,如图 4-2-13 所示。

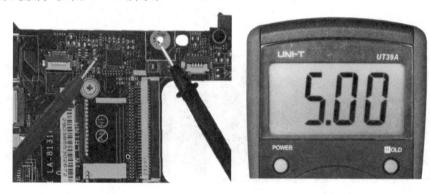

图 4-2-13

步骤 **10**:使用热风焊台更换 PU801。测量 PL802 的对地电压,测量结果正常,故障排除,如图 4-2-14 所示。

图 4-2-14

【任务拓展】

笔记本电脑显示系统电源电路功能板故障检修

（1）显示系统电源电路实物（如图 4-2-15 所示）

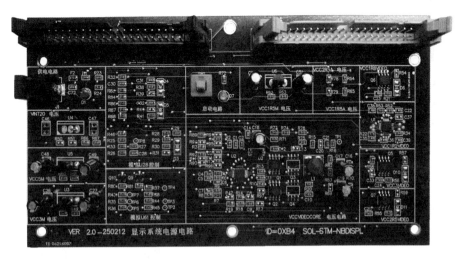

图 4-2-15

（2）显示系统电源电路功能板电路图（如图 4-2-16 所示）

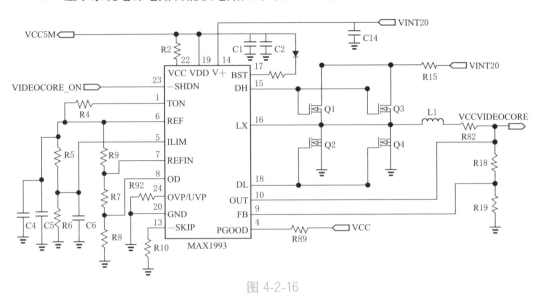

图 4-2-16

（3）显示系统电源电路功能板检修流程

① 目检功能板是否有损坏、断线、划痕、缺件现象；

② 测量 L1 对地阻值；

③ 测量主板上场效晶体管、三端稳压器阻值是否正常；

④ 插入电源测量 U3、U5、U6 是否输出正常电压；

⑤ 按下开关测量 U1、Q5、Q6、Q7、Q10 是否输出正常电压；

⑥ 测量 L1 是否产生 1.1 V。Q1、Q2 是否有脉冲方波信号；电源管理芯片是否满足供电开启条件。

 【项目总结】

本项目从实践入手,介绍了笔记本电脑黑屏故障常见的现象,通过对笔记本电脑黑屏故障现象的分析,完整地讲解笔记本电脑黑屏故障维修技能。

任务名称	相关的技能
笔记本电脑主板显卡芯片虚焊引起的黑屏故障维修	了解笔记本电脑显卡芯片的参数及工作条件
	通过故障判定,快速确定显卡虚焊,进行重植加焊
	具备对新购全新显卡更换能力
笔记本电脑主板显示系统电源电路维修	了解笔记本电脑显卡供电芯片的参数及工作条件
	通过故障分析,能够确定显卡供电电路的维修点
	掌握维修显卡供电电路及显卡供电芯片的更换技能

 【思考与练习】

一、判断题

1. 笔记本电脑显卡芯片虚焊故障现象一定为黑屏。（   ）

2. 笔记本电脑主板显卡有独立显卡和集成显卡两种。（   ）

3. 笔记本电脑主板显示系统电源电路的开启信号电压通常约为 3 V 左右。（   ）

4. 笔记本电脑主板显示系统电源电路不工作,会引起机器黑屏故障。（   ）

5. 笔记本电脑主板显示系统电源电路输出的为小电流高电压。（   ）

二、单选题

1. 下列不属于笔记本显卡故障的是（   ）。

    A. 花屏   B. 暗屏

    C. 图像显示不正常   D. 不充电

2. 笔记本电脑显卡类故障不正确的维修方法（   ）。

    A. 取下显卡芯片即可   B. 加焊显卡芯片

    C. 更换显卡芯片   D. 以上都不对

3. 笔记本电脑主板显卡出现形式正确的是（　　　）。

A. 集成在 CPU 内部

B. 集成在 BIOS 芯片内部

C. 集成在显卡供电电路的电源管理芯片内部

D. 集成在 EC 芯片内部

4. 笔记本电脑主板显示系统电源电路无输出先检测（　　　）。

A. 主板加电测量显示系统电源电路末端元件电压

B. 主板加电测量显示系统电源管理芯片供电电压

C. 主板加电测量显示系统电源电路公共点电压

D. 主板不加电测量显示系统电源电路各测试点对地阻值是否正常

5. 下列芯片型号是显示系统电源管理芯片的是（　　　）。

A. MAX1993　　　　B. MAX1632　　　　C. MAX1999　　　　D. MAX1485

项目五　笔记本电脑无法开机故障维修

项目概要

　　笔记本电脑无法开机是用户在使用笔记本电脑过程中经常遇到的故障之一。本项目结合两个任务实施案例,着重介绍了笔记本电脑主板隔保电路引起的无法开机故障和笔记本电脑主板系统供电电路引起的无法开机故障,分析了笔记本电脑主板隔保电路和主板系统供电电路结构组成、工作原理,描述了笔记本电脑无法开机故障的检测流程及维修方法。

项目目标

　　1. 了解主板隔保电路和主板系统供电电路的结构组成。

　　2. 识记场效晶体管、电源管理芯片、电感线圈元器件在电路中的作用。

　　3. 学会分析主板隔保电路和主板系统供电电路的工作原理,掌握电路图的识读方法。

　　4. 掌握电路故障检测流程,学会主板隔保电路和主板系统供电电路维修方法。

任务 1

主板隔保电路引起的无法开机故障维修

【情景描述】

　　小明准备用笔记本电脑上网,按下开关后发现电脑没有反映,重复几次后还是无法开机。于是小明找到了电脑维修店的李师傅,李师傅初步判定是电脑主板的问题,准备进行主板维修。

【任务准备】

　　1. 笔记本电脑主板隔保电路简述

　　笔记本电脑主板隔保电路又称"保护隔离电路",是电脑插入电源后第一个要工作的电路,简单说就是起到保护和隔离的作用。

　　保护就是笔记本电脑主板上各个单元电路在受到外界电压或电流冲击时隔保电路会自动切断输出,从而保护后级供电电路。隔离就是将电源适配器输入的电与笔记本电脑电池的电隔离开;当接上电源的时候由电源适配器为主板供电,当拔下电源适配器的时候由电池供电。

　　2. 笔记本电脑主板隔保电路的结构

　　(1) 笔记本电脑主板隔保电路主要元件

　　笔记本电脑主板隔保电路由保险管(F)、三极管(Q)、场效晶体管(M),还有辅助滤波作用的电感(L)、电容(C)等元器件组成,如图 5-1-1 所示。

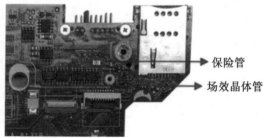

电感 ←

保险管 →
场效晶体管 →

图 5-1-1

　　保险管、场效晶体管、三极管是隔保电路中最常用的关键元器件,通过设置保险起到电路保护功能,通过控制场效晶体管、三极管的导通和截止起到电路的隔离作用(相当于开关)。

(2) 隔保电路的几种形式

① 不受控制:没有场效晶体管和三极管,如图 5-1-2 所示。

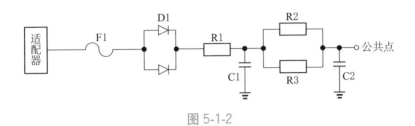

图 5-1-2

② 本身控制:有场效晶体管和三极管,如图 5-1-3 所示。

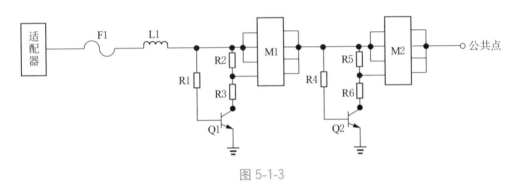

图 5-1-3

③ 受充电芯片控制:有场效晶体管和三极管,如图 5-1-4 所示。

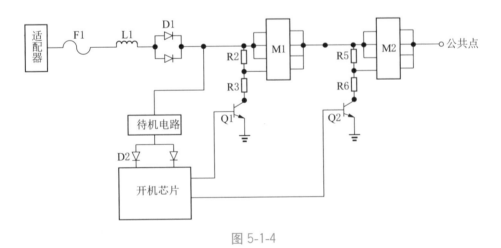

图 5-1-4

3. 笔记本电脑主板隔保电路及工作原理

(1) VIN 电压产生条件(如图 5-1-5 所示)

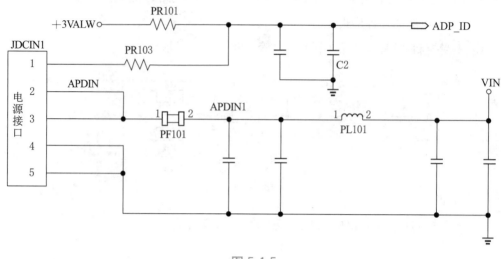

图 5-1-5

当插入电源后适配器输出 20 V 电压,由 JDCIN1 电源接口的 2、3 脚经过 PF101 与 PL101 产生 VIN 电压,此时 VIN 电压为适配器输入电压 20 V。根据适配器功率不同拉低的 ADP_ID 电压也是不同的,主板 EC 芯片(KB9012QF)根据接到的 ADP_ID 电压不同来控制充电电流的大小。

(2)隔保电路工作原理(如图 5-1-6 所示)

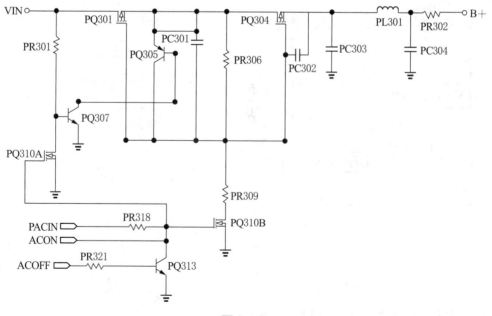

图 5-1-6

当 VIN20 V 电压输入 PQ301 的 D 极后,PQ301 瞬间导通 20 V 电压,经 S 极输出后产生 P2 点电压为 20 V;经 PR306 产生 P2-1 电压又经 PR309 输入 PQ310B 的 D 极,此时 P2-1 点电压为 20 V。

(PACIN 为 H 电平时 PQ301、PQ304 的 G 极得到了 L 电平持续的导通,经 PL301 滤波储能又经 PR302 产生公共点电压为后级整机电路提供供电,这时 B+ 也是隔保电路的末端电压。)

4. 笔记本电脑主板隔保电路故障检修流程

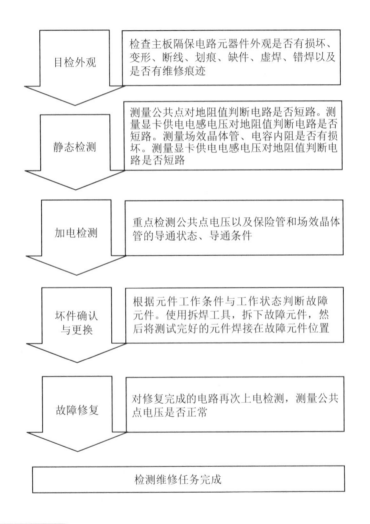

【任务实施】

步骤 1:拆机,取出笔记本电脑主板,如图 5-1-7 所示。

图 5-1-7

步骤 2：观察隔保电路中的元器件外观是否有损坏，电路有无短路烧焦痕迹，如图 5-1-8 所示。

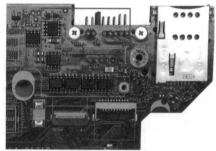

图 5-1-8

步骤 3：使用数字万用表蜂鸣挡，测量 PF101 保险，电路板实物及测量结果如图 5-1-9 所示，测量结果正常，PF101 导通，排除此故障。

图 5-1-9

步骤 4：使用数字万用表蜂鸣挡，红表笔接地，黑表笔测量公共点（电阻 PR302）的对地阻值。电路板实物及测量结果如图 5-1-10 所示，测量结果正常，无短路。

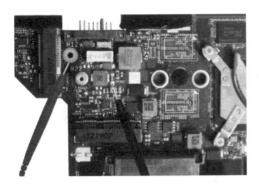

图 5-1-10

步骤 5:使用数字万用表直流电压挡,测量公共点(电阻 PR302)电压。电路板实物及测量结果如图 5-1-11 所示,测量结果异常,继续测量前级电路。

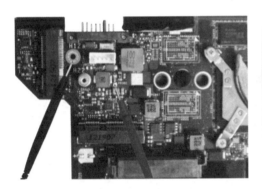

图 5-1-11

步骤 6:使用数字万用表直流电压挡,测量电感 PL301 的 2 脚电压。电路板实物及测量结果如图 5-1-12 所示,测量结果异常,继续测量前级电路。

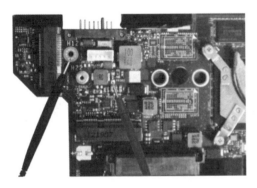

图 5-1-12

步骤 7:使用数字万用表直流电压挡,测量场效晶体管 PQ304 的 D 极电压。电路板实物及测量结果如图 5-1-13 所示,测量结果异常,继续测量场效晶体管 S 极。

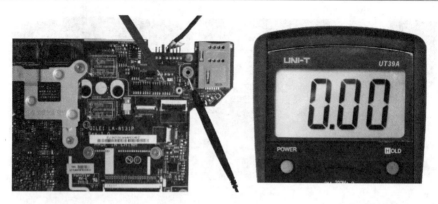

图 5-1-13

步骤 8:使用数字万用表直流电压挡,测量场效晶体管 PQ304 的 S 极电压。电路板实物及测量结果如图 5-1-14 所示,测量结果为 20 V,正常。

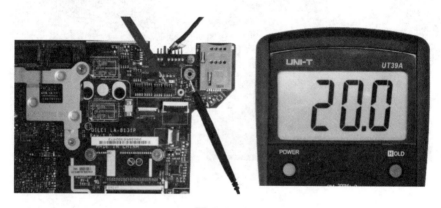

图 5-1-14

步骤 9:使用数字万用表直流电压挡,测量 PQ304 的 G 极电压。电路板实物及测量结果如图 5-1-15 所示,测量结果为 8.6 V,正常,判断故障元件为 PQ304。

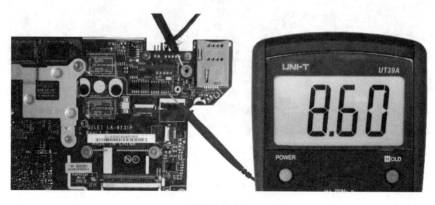

图 5-1-15

步骤 10：使用热风焊台更换场效晶体管 PQ304 后，再测量 PQ304 的 D 极电压。电路板实物及测量结果如图 5-1-16 所示，测量结果正常。

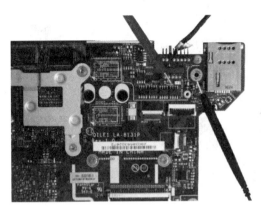

图 5-1-16

步骤 11：使用数字万用表直流电压挡，测量公共点（电阻 PR302）电压。电路板实物及测量结果如图 5-1-17 所示，测量结果正常，故障解决。

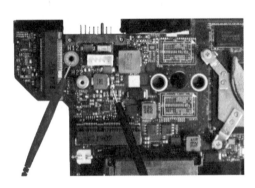

图 5-1-17

 【任务拓展】

1. 隔保电路与基础供电电路功能板检修

认识隔保电路与基础供电电路功能板，如图 5-1-18 所示。

（1）主电池供电隔保模块，如图 5-1-18 中 1 所示。J5 连接直流电源，这相当笔记本电脑主电池供电状态。

（2）辅电池供电隔保模块，如图 5-1-18 中 2 所示。J1 连接直流电源，这相当笔记本电脑次电池供电状态。

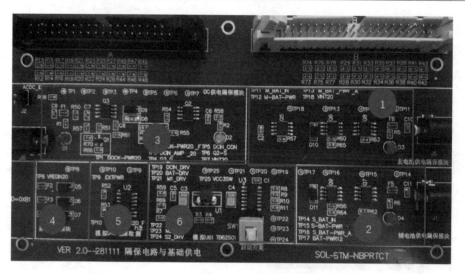

图 5-1-18

（3）DC 供电隔保模块，如图 5-1-18 中 3 所示。J6 连接直流电源，这相当笔记本电脑 AC/DC 供电状态。

（4）基础供电模块，如图 5-1-18 中 4 所示。任一模块供电都可以给主板提供待机电压。

（5）模拟 U42 模块，如图 5-1-18 中 5 所示。模拟笔记本电脑主板中充电 IC 中电源检测模块功能电路。

（6）模拟 U61 模块，如图 5-1-18 中 6 所示。模拟笔记本电脑主板中信号驱动 IC，信号驱动部分，控制各个供电模块的工作。

2. 认识隔保电路与基础供电电路功能板电路

隔保电路与基础供电电路功能板模拟了笔记本电脑中适配器供电电路以及主、次电池供电电路隔离方式；通过集成稳压器 U1 模拟了主板的 3.3 VSB 待机供电电压输出；通过与非门 U2、U4 分别模拟了主板中充电 IC 电源检测模块和主板中隔保电路信号驱动模块。

当适配器插入 J5（模拟主电池供电）时，按下开关 SW1（相当于开机），与非电门 U3 检测到供电输入，经过运算输出 M1_DRV 高电平、M2_DRV 低电平，场效晶体管 Q8、Q6 导通，因为未检测到适配器输入，所以 U3 输出 DCIN_DRV 为低电平，场效晶体管 Q2 截止，此时公共点电压 VINT20 由"主电池"产生。

电路图如图 5-1-19 所示。

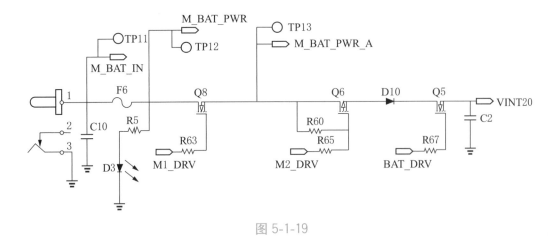

图 5-1-19

3. 隔保电路与基础供电电路功能板检测流程

（1）电源插入 J5，测量 VREGIN20 电压是否约为 9 V；

（2）测量集成稳压器 U1 是否正常输出 3.3 V 待机电压；

（3）按下开关测量与非 U3 的 4 脚是否由低电平变为高电平，10 脚是否由高电平变为低电平；

（4）测量公共点电压 VINT20 是否约为 9 V。

任务 2

主板系统供电电路引起的无法开机故障维修

 【情景描述】

电脑维修店李师傅今天接到客户送修的一台笔记本电脑,故障现象为按下开关没反应,无法开机。李师傅征得客户同意,拆出笔记本主板开始检测,初步诊断为客户的笔记本电脑主板系统供电电路引起的无法开机故障。

 【任务准备】

1. 笔记本电脑主板系统供电电路简述

+3.3 V 和 +5 V 产生的电路称为系统供电电路。当芯片满足工作条件后,控制外部上管、下管轮流导通和截止,然后通过电感滤波,将隔保电路产生的公共点电压变为 +3.3 V 和 +5 V 电压为后级电路、芯片等提供供电。

2. 笔记本电脑主板系统供电电路结构

笔记本电脑主板系统供电电路由电源管理芯片、场效晶体管(M),还有辅助滤波作用的电感(L)、电容(C)等元器件组成,如图 5-2-1 所示。

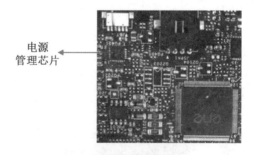

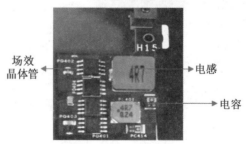

图 5-2-1

电源管理芯片工作正常后产生的 PWM 脉冲信号驱动上管、下管,不断地导通、截止,将电源输出的电能储存在电感中,然后输出给负载。

常用电源管理芯片有:MAX1631、MAX1632、MAX1633、MAX1634、MAX1777、MAX1901、MAX1902、MAX1903、MAX1904、MAX1905、MAX1977、MAX785、MAX786 等。

3. 主板系统供电电路常见的几种形式

(1)可以调节电流,如图 5-2-2 所示。

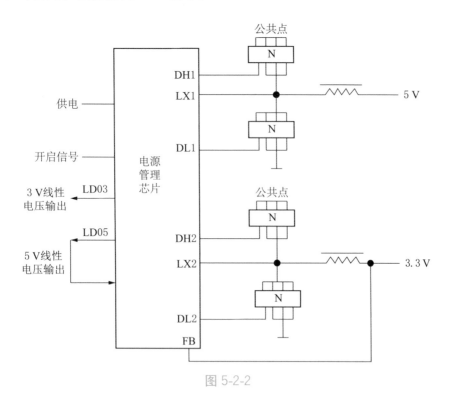

图 5-2-2

(2)无法调节电流,如图 5-2-3 所示。

4. 笔记本电脑主板系统供电电路工作原理

主板公共点电压产生的 20 V 电压输出给 PQ401、PQ402 作为上管供电。另一路输入到芯片的 16 脚 VIN 引脚作为芯片的主供电。

当 VS 电压正常后经 PR417、PR412 分压后产生 3.3 V 电压输入给芯片的 13 脚 EN引脚作为芯片的主开启信号。芯片的 EN 被开启后第一路:芯片的 8 脚产生了 + 3.3 V 的+ 3VLP,芯片的 17 脚产生了 + 5 V 的 VL,两组电压都为线性电压,为主板后级部分信号线供电。其中, + 5V 电压在芯片内部为本芯片内部模块供电,此时 BOOT1、BOOT2 引脚电压为 + 5 V。

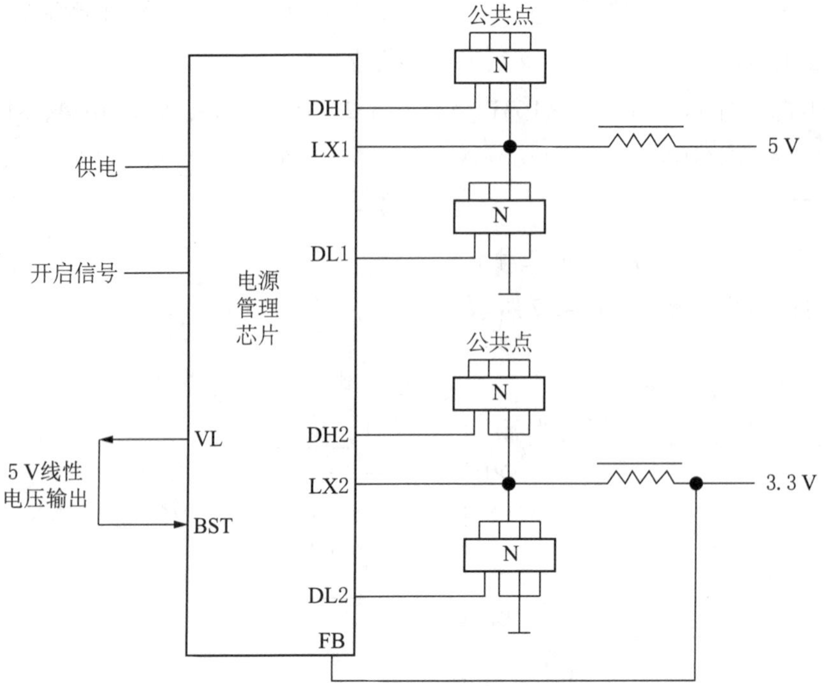

图 5-2-3

当芯片满足供电和开启条件后,由芯片的 3 脚 REF 引脚输出 2 V 基准电压。当芯片的 1 脚 ENTRIP1 与 6 脚 ENTRIP2 没有接地,电压在 1 V 时芯片开始工作,芯片内部产生的脉冲信号由芯片的 21 脚 UGATE1、19 脚 LGATE1、10 脚 UGATE2、12 脚 LGATE2 输出导通外部场效晶体管。

当 21 脚为 H 电平,19 脚为 L 电平,此时 PQ402 导通;当 21 脚为 L 电平,19 脚为 H 电平,此时 PQ404 导通。PQ402、PQ404 轮流导通、截止后,经 PL402 和 PC415 输出稳定的 +5VALWP(5 V)电压为后级负载提供供电,同时经过 VO1 和 FB1 将电压反馈回电源管理芯片,保持电压稳定输出。

当 10 脚为 H 电平,12 脚为 L 电平,此时 PQ401 导通;当 10 脚为 L 电平,12 脚为 H 电平,此时 PQ403 导通。PQ401、PQ402 轮流导通、截止后,经 PL401 和 PC414 输出稳定的 +3VALWP(3.3 V)电压为后级负载提供供电。同时,经过 VO2 和 FB2 将电压反馈回电源管理芯片,保持电压稳定输出。

当 +3.3 V 与 +5 V 的输出正常后由 23 脚 PGOOD 输出电源好信号。笔记本电脑主板系统供电电路原理图如图 5-2-4 所示。

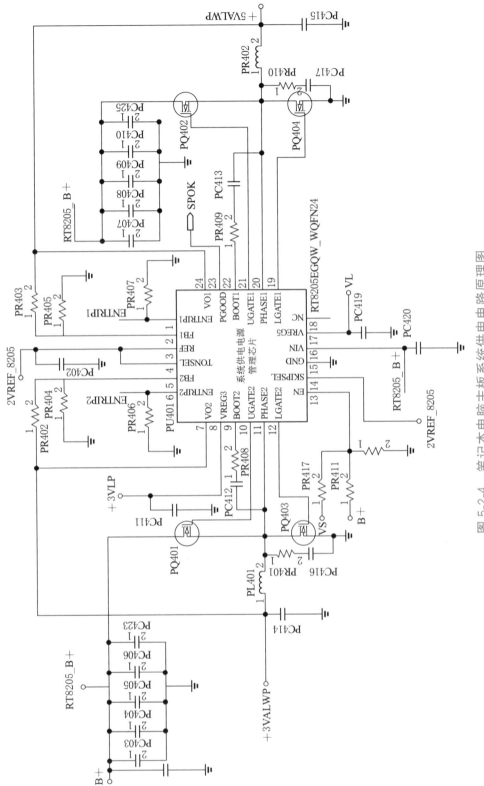

图 5-2-4 笔记本电脑主板系统供电电路原理图

5. 笔记本电脑主板系统供电电路故障检修流程

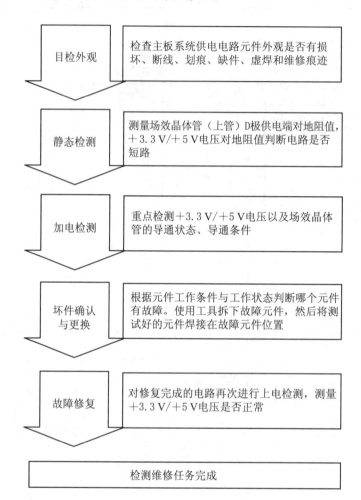

| 目检外观 | 检查主板系统供电电路元件外观是否有损坏、断线、划痕、缺件、虚焊和维修痕迹 |

| 静态检测 | 测量场效晶体管（上管）D极供电端对地阻值，＋3.3 V/＋5 V电压对地阻值判断电路是否短路 |

| 加电检测 | 重点检测＋3.3 V/＋5 V电压以及场效晶体管的导通状态、导通条件 |

| 坏件确认与更换 | 根据元件工作条件与工作状态判断哪个元件有故障。使用工具拆下故障元件，然后将测试好的元件焊接在故障元件位置 |

| 故障修复 | 对修复完成的电路再次进行上电检测，测量＋3.3 V/＋5 V电压是否正常 |

检测维修任务完成

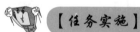
【任务实施】

步骤 1:拆机,取出笔记本电脑主板,如图 5-2-5 所示。

图 5-2-5

步骤 2：观察电路中的元器件外观是否有损坏，电路有无短路烧焦痕迹，如图 5-2-6 所示。

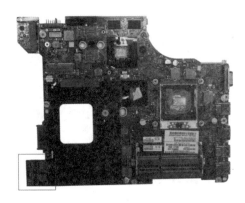

图 5-2-6

步骤 3：使用数字万用表蜂鸣挡，测量 PL402 对地阻，电路板实物及测量结果如图 5-2-7 所示，结果正常，无短路，排除此故障。

图 5-2-7

步骤 4：使用数字万用表蜂鸣挡测量 PL401。电路板实物及测量结果如图 5-2-8 所示，结果正常，无短路，排除此故障。

图 5-2-8

步骤 5：使用数字万用表蜂鸣挡,测量 PU401 的 16 脚对地阻。电路板实物及测量结果如图 5-2-9 所示,结果正常,排除此故障。

图 5-2-9

步骤 6：使用数字万用表直流电压挡,测量 PL401 是否为 3.3 V。电路板实物及测量结果如图 5-2-10 所示,测量结果异常。

图 5-2-10

步骤 7：使用数字万用表直流电压挡,测量 PL402 是否为 5 V。电路板实物及测量结果如图 5-2-11 所示,测量结果异常。

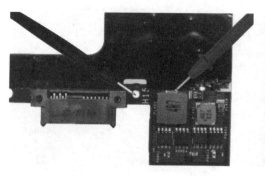

图 5-2-11

步骤8:使用数字万用表直流电压挡,测量 PQ402 的 D 极。电路板实物及测量结果如图 5-2-12 所示,测量结果正常。

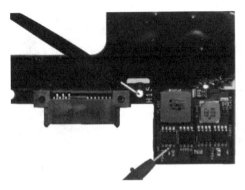

图 5-2-12

步骤9:使用数字示波器测量 PQ402 的 G 极。电路板实物及测量结果如图 5-2-13 所示,结果异常。

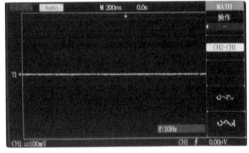

图 5-2-13

步骤10:使用数字万用表直流电压挡,测量 PU401 的 16 脚(PC420 正极)VIN 引脚电压。电路板实物及测量结果如图 5-2-14 所示,测量结果为 20 V,正常。

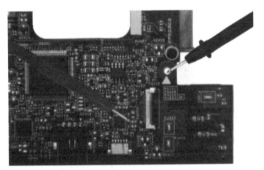

图 5-2-14

步骤 11：使用数字万用表直流电压挡，测量 PU401 的 13 脚（PR417 输出）EN 引脚电压。电路板实物及测量结果如图 5-2-15 所示，测量结果为 0 V，异常，初步判定故障原因在此。

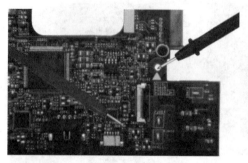

图 5-2-15

步骤 12：使用数字万用表直流电压挡，测量 PR417 输入电压。电路板实物及测量结果如图 5-2-16 所示，测量结果为 20 V，正常。

图 5-2-16

步骤 13：使用热风枪焊台更换 PR417 元件，再用数字万用表直流电压挡，测量 PL401 和 PL402。电路板实物及测量结果如图 5-2-17 和图 5-2-18 所示，测量结果分别为 3.3 V 和 5 V，故障已排除。

图 5-2-17

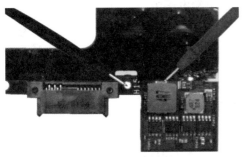

图 5-2-18

【项目总结】

　　本项目从实践操作入手，通过对笔记本电脑无法开机故障现象的分析。从笔记本电脑无法开机故障点着手解析，以任务驱动方式来讲解维修笔记本电脑无法开机故障技能。

任务名称	相关的技能
主板隔保电路引起的无法开机故障维修	了解笔记本电脑隔保电路芯片参数及工作条件
	通过故障的分析，快速判定笔记本电脑隔保电路故障点
	读懂电路原理图，具备更换隔保电路芯片操作技能
主板系统供电电路引起的无法开机故障维修	了解笔记本电脑系统供电芯片的参数及工作条件
	通过故障分析，确定笔记本电脑系统供电电路的故障点
	掌握维修系统供电电路、更换系统供电芯片的技能

【思考与练习】

一、判断题

　　1. 隔保电路在主板上的作用是保护后级电路。（　　）

　　2. 系统供电电路的主供电是由隔保电路输入。（　　）

　　3. 系统供电电路损坏会引起机器不开机故障。（　　）

　　4. 系统供电电路产生的 PG 信号为 20 V。（　　）

　　5. 系统供电电路公共端为 0 V 可以直接更换电源管理芯片。（　　）

二、选择题

　　1. 隔离保护电路损坏引起主板故障现象为（　　）。

　　A. 开机花屏　　　　　　　　　　B. 开机蓝屏

　　C. 开机后显示画面死机　　　　　D. 无法开机

2. 隔离保护电路输入端电压为 20 V,输出端电压为(　　)。

　A. 3.3 V　　　　　　B. 5 V　　　　　　C. 20 V　　　　　D. 以上都有可能

3. 主板系统供电电路输出正确的电压为(　　)。

　A. 3.3 V　　　　　　B. 5 V　　　　　　C. 3.3 V、5 V　　　D. 20 V

4. 主板系统供电管理芯片正确的工作流程(　　)。

　A. 1 供电,2 线性电压输出,3PWM 信号输出,4PG 信号

　B. 1 供电,2PWM 信号输出,3 线性电压输出,4PG 信号

　C. 1 供电,2PG 信号,3 线性电压输出,4PWM 信号输出

　D. 1 供电,2PWM 信号输出,3 线性电压输出,4PG 信号

5. 下面不是系统供电电路负载的是(　　)。

　A. 隔保电路　　　　B. 硬盘　　　　　　C. 屏　　　　　　D. 高压板

项目六　笔记本电脑开机掉电故障维修

项目概要

　　CPU 供电电路是笔记本电脑中重要的供电电路,也是容易发生故障的电路,内存供电电路和温控电路同样是笔记本电脑使用过程中易发故障的电路。本项目将以维修案例为主线,分别讲解笔记本电脑 CPU 供电电路、内存供电电路、温控电路的结构组成和工作原理,着重分析 CPU 供电电路、内存供电电路、温控电路引起开机掉电的常见故障检测点和检修流程关键点。其中,CPU 供电电路、内存供电电路、温控电路的工作原理及检修方法应重点掌握。

项目目标

　　1. 认识 CPU 供电电路、内存供电电路、温控电路的结构组成并熟悉各器件在电路中的功能。

　　2. 掌握 CPU 供电电路故障现象与其他故障现象的区分方法。

　　3. 能够识别 CPU 供电电路、内存供电电路、温控电路的易坏元器件,判定故障检测点。

　　4. 运用电路工作原理及故障检测流程,学会 CPU 供电电路、内存供电电路、温控电路维修方法。

任务 1

CPU 供电电路引起的开机掉电故障维修

 【情景描述】

上班时小杜按下笔记本电脑开机键,发现开机灯闪烁一下就黑了,电脑启动不了。于是来到中盈笔记本电脑维修中心进行检测,经过工程师细心查看,拆机后上电检测,发现除了 CPU 供电以外其余的供电都正常,初步判断 CPU 供电电路出现异常。

 【任务准备】

1. 笔记本电脑 CPU 供电电路简述

CPU 供电电路主要为主板 CPU 提供稳定的供电电压,进行高直流电压到低直流电压的转换(即 DC-DC),这个转换电路就是 CPU 供电电路。它主要是保证 CPU 在高频、大电流工作状态下稳定工作,其可分为单相供电电路和多相供电电路来满足 CPU 工作的需求。

由于单相供电电路已不能满足 CPU 对供电的需求,所以市面上的笔记本电脑都是采用多相供电电路为 CPU 供电。

2. 笔记本电脑 CPU 供电电路结构

(1)笔记本电脑 CPU 供电电路主要元件

笔记本电脑的 CPU 供电电路主要由电源管理芯片、场效晶体管、储能滤波电感、储能滤波电容、贴片电阻等元器件组成。图 6-1-1 所示为某品牌 E480 笔记本电脑 CPU 供电电路主要组成元件。

图 6-1-1

电源管理芯片主要负责识别 CPU 供电幅值,产生 PWM 脉冲调制信号去控制场效晶体管工作。笔记本电脑主板上常用 CPU 电源管理芯片型号有:MAX1718、MAX1717、ADP3207、ADP3205 等。

场效晶体管在电源管理芯片脉冲信号驱动下不断导通、截止,与电感、电容配合储能、滤波为 CPU 提供供电。

(2) 笔记本电脑 CPU 供电电路连接方式

① 单相 CPU 供电电路连接框图,如图 6-1-2 所示。

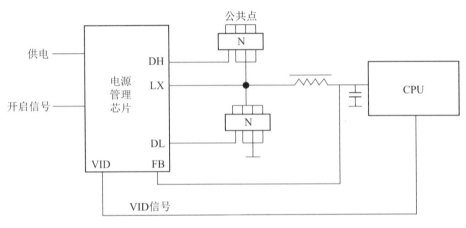

图 6-1-2

电源管理芯片通过连接 CPU 插座的 VID 引脚,识别 CPU 所需的供电电压。电源管理芯片输出脉冲信号控制场效晶体管的导通和截止,经过场效晶体管的电流会储存到电路的储能电感中,将公共点电压稳定至 CPU 所需的工作电压。为了保证 CPU 工作电压和电流的稳定性,还需在储能电感和 CPU 之间加入滤波电容进行滤波。在电路中还有反馈(FB)部分,用来监测输送给 CPU 的电压和电流是否正常,电源管理芯片通过反馈信号来控制场效晶体管的导通顺序和频率,使 CPU 得到正常工作所需电压和电流。

② 多相 CPU 供电电路连接框图。

由于单相 CPU 供电电路无法满足目前 CPU 的工作电压和电流。因此产生了多相 CPU 供电电路,组成多相 CPU 供电电路的首要条件就是 CPU 采用的电源管理芯片支持多路 PWM 信号输出,一路 PWM 信号控制一组场效晶体管和电感工作。为了满足 CPU 的供电要求,又出现了三相 CPU 供电电路、四相 CPU 供电电路和六相 CPU 供电电路等。多相 CPU 供电电路可提供 CPU 正常工作所需的电压和电流,并增强稳定性。但不是电路的相数越多越好,相数越多主板布线就越复杂,产生电磁干扰等问题越多。因此,CPU

供电电路的好坏还需要看电路设计的合理性和使用的电子元件性能参数。

图 6-1-3 所示为两相 CPU 供电电路。

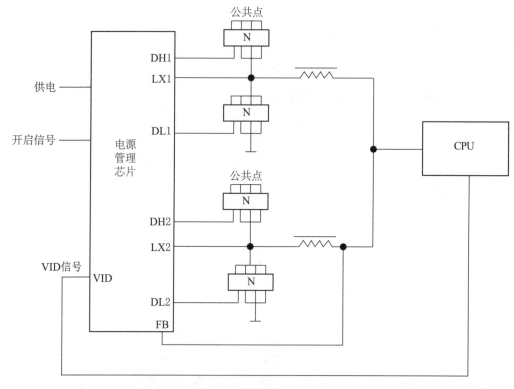

图 6-1-3

3. 笔记本电脑 CPU 供电电路工作过程

目前,笔记本电脑基本都采用两相以上的 CPU 供电电路,下面以联想 E480 笔记本电脑为例,讲解 CPU 供电电路的工作原理,原理图如图 6-1-4 所示。

按下开关后,5 V 电压为电源管理芯片 VCC、PVCC、VDD 等供电引脚供电,5 V 电压在芯片内部转换后也为其他模块提供供电,再由 BST 引脚外部升压电容升压为芯片提供供电。电源管理芯片得到 VR-ON 开启后,芯片通过 VID 电压识别引脚控制 CPU 电源管理芯片工作。从 HG1、HG2 引脚和 LG1、LG2 引脚分别输出脉冲方波信号(HG1、HG2 引脚输出高电平时,LG1、LG2 引脚输出低电平)。

当 HG1 端输出高电平信号给场效晶体管 PQ1001 时,PQ1001 导通,同时从 LG1 端输出低电平信号给场效晶体管 PQ1003,PQ1003 截止;当 HG2 端输出高电平信号给场效晶体管 PQ1002 时,PQ1002 导通,同时从 LG2 端输出低电平信号给场效晶体管 PQ1004,PQ1004 截止,当 PQ1003、PQ1004 导通时,PQ1001、PQ1002 截止。

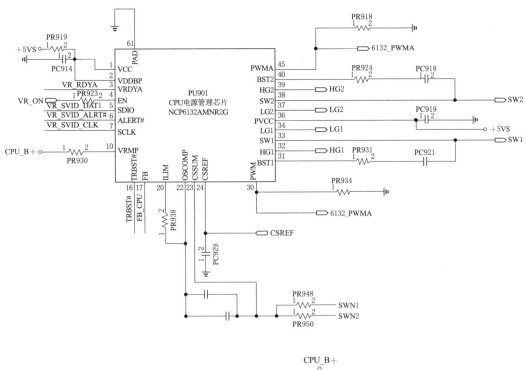

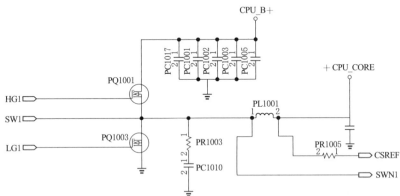

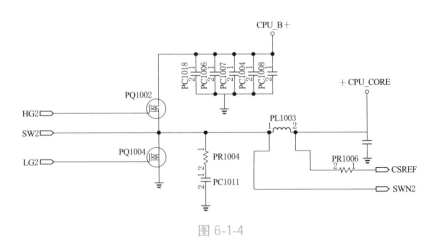

图 6-1-4

　　公共点 20 V 电压经 PQ1001，PQ1002 把供电送入 PL1001、PL1003 储能、滤波，再把两相供电相互叠加，并经电容滤波后输出更为平滑纯净的电压为 CPU 供电。与此同时，经 FB 引脚等组成了反馈电路。

　　电路电源管理芯片将调整 HG、LG 端输出的方波幅宽，最终调整输出的 CPU 主供电电压，直至与标准电压一致。

　　4.笔记本电脑 CPU 供电电路故障检修流程

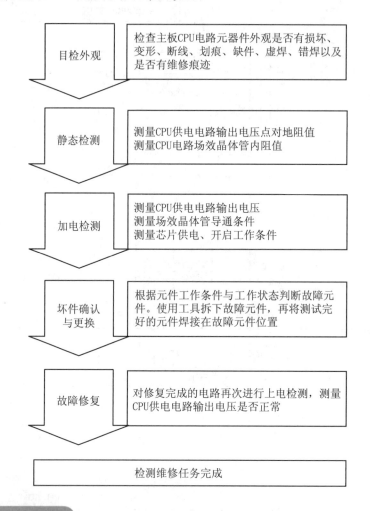

　　【任务实施】

　　步骤 1：观察 CPU 供电电路中的元器件外观是否有损坏，电路有无烧焦痕迹，如图 6-1-5 所示。

　　步骤 2：使用数字万用表蜂鸣挡，红表笔接场效晶体管 PQ1001 的 S 极，黑表笔接 PQ1001 的 D 极，测量场效晶体管有无短路。实物及测量结果如图 6-1-6 所示。测量结果正常，排除此故障。

图 6-1-5

图 6-1-6

步骤 3：使用数字万用表蜂鸣挡，红表笔接地，黑表笔接 PL1001 的 S 极，测量对地阻值，检查电路是否短路。实物及测量结果如图 6-1-7 所示。测量结果正常，排除此故障。

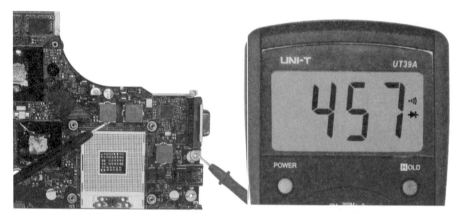

图 6-1-7

步骤4：使用数字万用表电压挡，测量 PL1001 的 1 脚电压，实物及测量结果如图 6-1-8 所示。测量结果异常，继续测量前级电路。

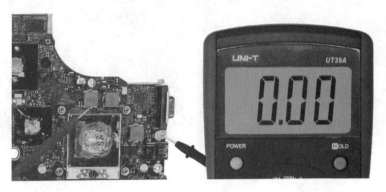

图 6-1-8

步骤5：使用数字万用表电压挡，测量 PQ1001 的 D 极电压，实物及测量结果如图 6-1-9 所示。测量结果正常，继续测量前级电路。

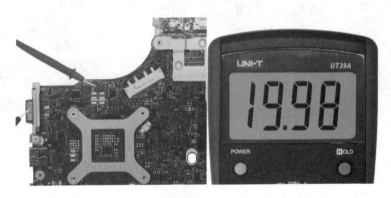

图 6-1-9

步骤6：使用数字示波器测量 PQ1001 的 G 极脉冲信号，CPU 供电电路实物及测量结果如图 6-1-10 所示。测量结果异常，继续测量前级电路。

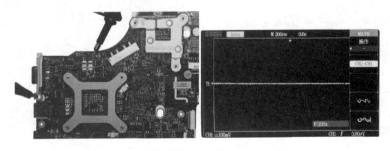

图 6-1-10

步骤7:使用数字万用表电压挡,测量 PU901 的 1 脚 VCC 供电引脚,实物及测量结果如图 6-1-11 所示。测量结果正常,排除此故障。

图 6-1-11

步骤8:使用数字万用表电压挡,测量 PU901 的 36 脚 PVCC 供电引脚,实物及测量结果如图 6-1-12 所示。测量结果异常,继续测量前级。

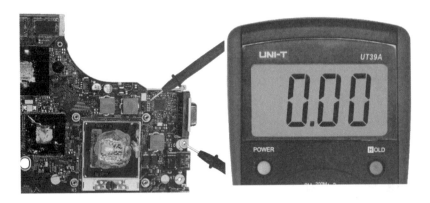

图 6-1-12

步骤9:使用数字万用表电压挡,测量 PR928 的 2 脚,实物及测量结果如图 6-1-13 所示。测量结果正常。

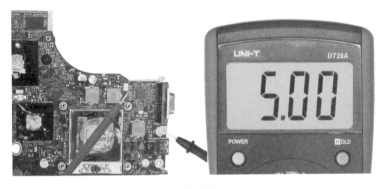

图 6-1-13

步骤 10：使用热风焊台更换 PR928。在测量 PU901 的 36 脚 PVCC 供电引脚，实物及测量结果如图 6-1-14 所示。测量结果正常。

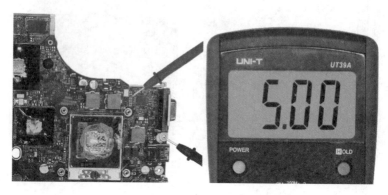

图 6-1-14

步骤 11：使用数字万用表电压挡，测量 PL1001 的 1 脚电压，实物及测量结果如图 6-1-15 所示。测量结果正常，故障排除。

图 6-1-15

内存供电电路引起的开机掉电故障维修

 【情景描述】

在一次会议开始前,行政部小李按下笔记本电脑开机键,结果发现电脑风扇转了一会儿就停了。经过内部商量后,决定转交工程维修部处查看,工程师拆机后上电检测,发现内存供电电路的电源管理芯片有异常发烫现象。

 【任务准备】

1. 笔记本电脑内存供电电路简述

笔记本电脑中的内存电压都是由笔记本内存供电电路向其提供的,内存供电电路一般设计在内存插槽的附近,质量好的主板都有专门的内存供电电路。DDR3 内存的供电电压需要两种,分别为 1.5 V 和 0.75 V;DDR4 需要的电压分别为 1.2 V 和 0.6 V。

2. 笔记本电脑内存供电电路结构

(1)笔记本内存供电电路主要元件

笔记本内存供电电路采用开关电源供电方式,电路主要由电源管理芯片、场效晶体管,还有辅助滤波作用的储能滤波电感、储能滤波电容、贴片电阻等元器件组成,如图 6-2-1 所示,其原理和 CPU 供电电路的原理相似。

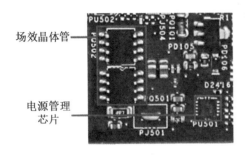

图 6-2-1

笔记本电脑主板上常用内存供电电源管理芯片有:MAX1992、MAX1993、MAX8794、RT8209、RT8207、TPS51116、TPS51211 等。

(2)笔记本内存供电电路连接形式

① 主电压供电连接方式,如图 6-2-2 所示。

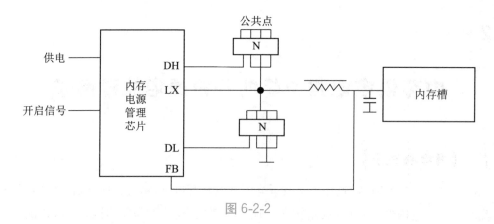

图 6-2-2

　　与 CPU 供电电路原理相似,当电源管理芯片满足工作条件开始工作后,内部的 PWM 控制器从两个引脚输出反相的脉冲信号,控制两个场效晶体管的导通和截止。经过场效晶体管的电流储存到电路的储能电感中,将公共点电压稳定至内存所需的主工作电压。

　　② 基准工作电压连接方式,如图 6-2-3 所示。

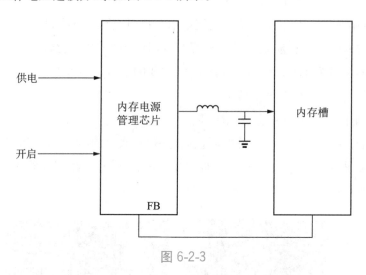

图 6-2-3

　　当主电压供电输出正常后,经过电源管理芯片内部调压电路处理,输出为主供电电压一半的内存基准工作电压。

　　3. 笔记本电脑内存供电电路工作过程

　　内存供电电路主要采用开关电源供电方式,如图 6-2-4 所示(以某品牌 E480 内存供电电路为例)。电源管理芯片 7 脚得到供电,在芯片内部送给 VBST 供电,芯片供电正常后再检测 3 脚 EN 开启信号。

　　当为 H 电平后,电源管理芯片内部振荡电路开始工作产生脉冲信号分别送给 PQ501、PQ502,使其轮流导通、截止。再经电感和电容储能、滤波后,将公共点电压稳定至 1.5 V,为内存提供供电。FB 引脚用来侦测输出的 1.5 V 电压和电流是否有偏差。

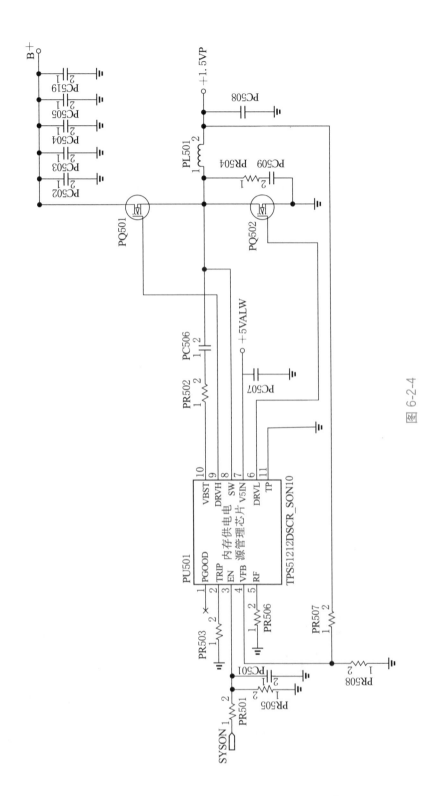

图 6-2-4

4. 笔记本主板内存供电电路故障检修流程

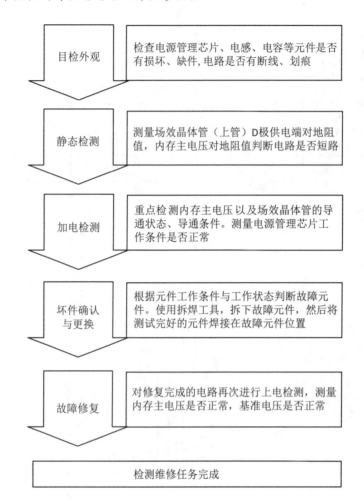

目检外观 → 检查电源管理芯片、电感、电容等元件是否有损坏、缺件,电路是否有断线、划痕

静态检测 → 测量场效晶体管(上管)D极供电端对地阻值,内存主电压对地阻值判断电路是否短路

加电检测 → 重点检测内存主电压以及场效晶体管的导通状态、导通条件。测量电源管理芯片工作条件是否正常

坏件确认与更换 → 根据元件工作条件与工作状态判断故障元件。使用拆焊工具,拆下故障元件,然后将测试完好的元件焊接在故障元件位置

故障修复 → 对修复完成的电路再次进行上电检测,测量内存主电压是否正常,基准电压是否正常

检测维修任务完成

【任务实施】

步骤 1:拆机,取出笔记本电脑主板,如图 6-2-5 所示。

图 6-2-5

步骤 2：观察电路中的元器件外观是否有损坏，电路有无短路烧焦痕迹，如图 6-2-6 所示。

PQ502
PQ501
PU501
PL501
PC508

图 6-2-6

步骤 3：使用数字万用表蜂鸣挡，红表笔接地，黑表笔测量 PL501 对地阻值。测量结果正常，无短路，排除此故障，如图 6-2-7 所示。

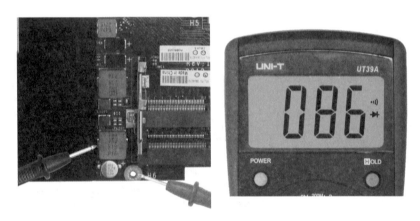

图 6-2-7

步骤 4：使用数字万用表蜂鸣挡，测量 PL501 电感，测量结果正常，PL501 导通，排除此故障，如图 6-2-8 所示。

图 6-2-8

步骤5：使用数字万用表蜂鸣挡，测量 PQ502、PQ501 场效晶体管 S 极到 D 极值，测量结果正常，排除此故障，如图6-2-9和图6-2-10所示。

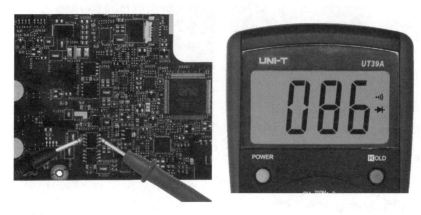

图 6-2-9

图 6-2-10

步骤6：使用数字万用表蜂鸣挡，测量 PU501 的 7 脚对地阻值，测量结果正常，排除此故障，如图6-2-11所示。

图 6-2-11

步骤 7：使用数字万用表蜂鸣挡，测量 PU501 的 10 脚对地阻值，测量结果异常，初步判定为故障原因，如图 6-2-12 所示。

图 6-2-12

步骤 8：使用热风焊台更换 PU501 后，再测量 PU501 的 10 脚对地阻值，测量结果正常，故障排除，如图 6-2-13 所示。

图 6-2-13

步骤 9：主板加电后，使用数字万用表电压挡，测量 PL501 电压为 1.5 V，电路正常工作，如图 6-2-14 所示。

图 6-2-14

【任务拓展】

维修内存供电电路功能板

（1）内存供电电路功能板实物（如图 6-2-15 所示）

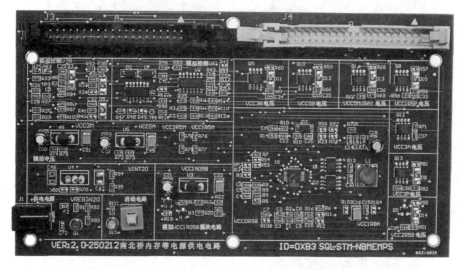

图 6-2-15

（2）内存供电电路功能板电路原理图（如图 6-2-16 所示）

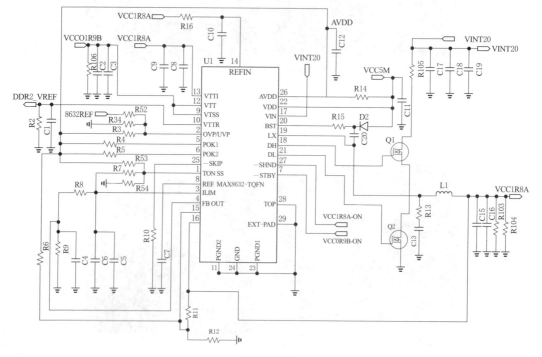

图 6-2-16

（3）内存供电电路功能板检修流程

① 目检功能板是否有损坏、断线、划痕、缺件现象；

② 测量 L1、U3、U5、U6 对地阻值；

③ 测量主板上场效晶体管、三端稳压器、阻值是否正常；

④ 插入电源，测量 U5、U6、U3 是否输出正常电压；

⑤ 按下开关测量 U7、U2、Q5、Q8、Q9、Q10、Q11、Q12、Q13 是否输出正常电压；

⑥ 测量 L1 是否产生 1.8 V 电压。Q1、Q2 是否有脉冲方波信号。电源管理芯片是否满足供电，开启条件。

任务 3

温控电路引起的开机掉电故障维修

 【情景描述】

　　小杨最近发现开启笔记本电脑后能进入系统,一切正常,但使用中会突然关机,再次重启时还没进系统就自动关机了。维修站工程师听了小杨的描述,初步怀疑是笔记本电脑的散热模块或者是温控电路出现问题。

 【任务准备】

　　1. 笔记本电脑温控电路简述

　　当笔记本主板 CPU 与显卡工作后,温度较高,当运行大型软件或游戏时温度更高,所以主板使用散热系统为 CPU 及显卡散热,使其控制在正常的温度范围内,机器才能正常工作。

　　2. 笔记本电脑温控电路的结构组成

　　(1)笔记本电脑温控电路主要元件

　　笔记本电脑温控电路主要由 EC 芯片、电风扇、散热模组以及供电滤波电容元件等组成,图 6-3-1 和图 6-3-2 所示为某品牌 E480 笔记本电脑温控电路主要组成元件。

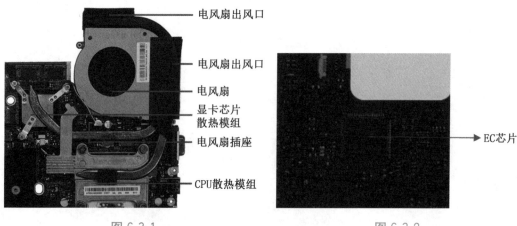

图 6-3-1　　　　　　　　　　　　　　　图 6-3-2

　　EC 芯片:EC 为嵌入式控制器,主要控制笔记本电脑的上电管理,键盘、触摸板、指示灯、风扇管理。其中,电风扇的转速检测,快慢调节,都由此芯片管理。当 CPU 温度过高或电风扇不能正常工作时,EC 芯片会关机保护。

电风扇:电风扇出风口与散热模组口相连,当电风扇启动后把散热模组传递过来的热量由散热模组口吹出,保证机器温度。

散热模组:散热模组为导热材质,它通过导热硅脂与 CPU 相连,CPU 工作后产生的热量由导热硅脂传导至 CPU 散热模组。电风扇启动后将散热模组热量吹走。

(2) 笔记本电脑 CPU 供电电路连接方式,如图 6-3-3 所示。

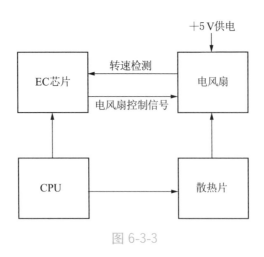

图 6-3-3

3. 笔记本电脑温控电路工作过程

主板上 +5 V 电压通过接口送入电风扇内部电机。电风扇启动,产生电风扇转速信号 EC_TACH 送入 EC 芯片,EC 与 CPU 相连,在 CPU 内部集成了温度传感器,当 CPU 温度上升后,EC 芯片发出 EC_FAN_PWM 信号送入电风扇内部集成的控制芯片,电风扇开始旋转。当 CPU 温度低于设定温度时,EC 芯片不产生 EC_FAN_PWM 信号,电风扇停止工作。

图 6-3-4 所示为温控电路原理图。

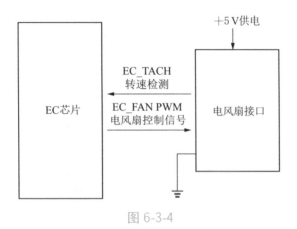

图 6-3-4

4. 笔记本电脑温控电路故障检修流程

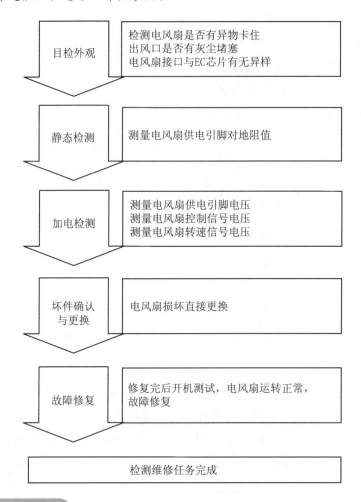

目检外观	检测电风扇是否有异物卡住 出风口是否有灰尘堵塞 电风扇接口与EC芯片有无异样
静态检测	测量电风扇供电引脚对地阻值
加电检测	测量电风扇供电引脚电压 测量电风扇控制信号电压 测量电风扇转速信号电压
坏件确认 与更换	电风扇损坏直接更换
故障修复	修复完后开机测试，电风扇运转正常，故障修复

检测维修任务完成

【任务实施】

步骤 1：拔掉电源及电池，拧下盖板。如图 6-3-5 所示。

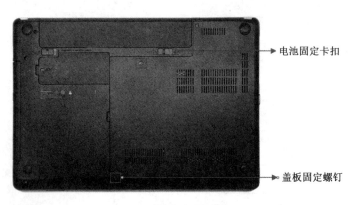

电池固定卡扣

盖板固定螺钉

图 6-3-5

步骤2：观察电风扇是否有异物堵塞，如图6-3-6所示。

图 6-3-6

步骤3：拆下电风扇，如图6-3-7所示。拨动扇叶发现无法旋转。

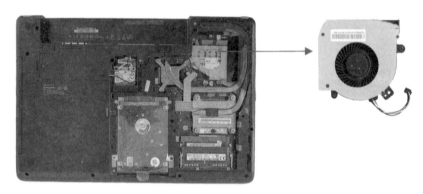

图 6-3-7

步骤4：测量电风扇插座供电引脚对地阻值，测量发现没有短路，如图6-3-8所示。

图 6-3-8

步骤5:更换电风扇,紧定螺钉,检查电风扇插线是否插好,如图6-3-9所示。

图 6-3-9

步骤6:开机后测试,电风扇工作正常,故障排除,关机装入盖板及电池。

 【项目总结】

本项目从技能实践入手,通过对笔记本电脑开机掉电的常见故障分析,以任务驱动方式介绍了维修笔记本电脑开机掉电故障的检修思路和方法。

任务名称	相关的技能
笔记本电脑 CPU 供电电路引起的开机掉电故障维修	了解笔记本电脑 CPU 供电芯片的参数及工作过程
	通过故障分析,能够准确判定 CPU 供电电路故障点
	读懂 CPU 供电电路原理图,具备更换 CPU 供电电路主芯片的操作技能
内存供电电路引起的开机掉电故障维修	了解笔记本电脑内存供电芯片的参数及工作条件
	通过故障分析,能够准确找到内存供电电路故障点
	掌握维修内存供电电路及更换内存主供电芯片的技能
温控电路引起的开机掉电故障维修	了解笔记本电脑温控电路主芯片的参数及工作条件
	通过故障分析,能够准确判定温控电路故障点

【思考与练习】

一、判断题

1. 笔记本电脑主板电风扇是一直转动的。（　　）

2. 笔记本电脑主板电风扇是由 EC 芯片控制的。（　　）

3. 笔记本电脑内存不稳定会引起机器蓝屏、掉电、死机故障现象。（　　）

4. 检修 CPU 供电电路无输出时检修顺序为目检、静态检测、加电检测。（　　）

5. 内存供电电路损坏也会引起加电不显示的故障现象。（　　）

二、选择题

1. 笔记本电脑 DDR3 代内存供电电压是（　　）。

    A. 2.5 V、1.25 V　　　B. 1.8 V、0.9 V　　　C. 1.5 V、0.75 V　　　D. 3.3 V、5 V

2. CPU 散热电风扇供电电压为（　　）。

    A. 3.3 V　　　　　　B. 20 V　　　　　　C. 5 V　　　　　　D. 2.5 V

3. 下列不属于 CPU 供电电路损坏引起的故障现象是（　　）。

    A. 不加电　　　　　B. 开机掉电　　　　C. 屏幕闪烁　　　　D. 以上都对

4. 下列属于 CPU 电源管理芯片的型号是（　　）。

    A. MAX1718　　　　B. MAX1717　　　　C. ADP3207　　　　D. 以上都是

5. 下列属于内存供电电源管理芯片的型号是（　　）。

    A. MAX8794　　　　B. MAX1632　　　　C. ADP3205　　　　D. MAX1993

项目七　笔记本电脑无法充电故障维修

项目概要

　　在笔记本电脑使用过程中,偶尔会碰到电脑无法充电现象,其中充电电路故障是笔记本电脑无法充电的原因之一,另一个原因就是电池损坏也会导致电脑充电失败。在本项目讲解中,将分别针对笔记本电脑的电池损坏、笔记本电脑充电电路的常见问题展开分析,对笔记本电脑电池的结构及更换方法、充电电路的工作原理、故障检修关键点及操作流程等内容重点讲述。

项目目标

　　1. 了解笔记本电脑电池和充电电路的基本结构及元器件的作用。

　　2. 掌握笔记本电脑充电电路的基本工作原理及常见故障点的检测。

　　3. 能够熟练运用电路工作原理图和检修工具,快速更换电池及检修电池充电电路常见故障。

任务 1

电池损坏引起的无法充电故障维修

【情景描述】

小杨在使用笔记本电脑时发现电池图标一直显示充电中（1%），拔掉电源适配器后，电脑很快就关机。他把笔记本电脑交给维修部检查，工程师初步判断是笔记本电脑电池或者电池接口电路出现问题。

【任务准备】

1. 笔记本电脑电池简述

笔记本电脑之所以具有移动性，就是由笔记本上的电池持续地为笔记本电脑提供供电，所以在没有电源的状态下也可以正常的使用。笔记本电脑电池使用寿命在 300～500 次左右，因使用的环境不同电池使用的寿命也不同。对于使用一年以上或者非原装的电池出现了不能充电的故障，应当首先考虑电池是否自身损坏而造成充电故障。

2. 笔记本电脑电池结构

（1）笔记本电脑电池外壳

笔记本电脑电池由外壳、电池芯、保护电路三部分组成。外壳标注了电池品牌、型号和额定输出电压等相关信息，图 7-1-1 所示为联想 E 系列使用的笔记本电池。

电池品牌、型号　电压标识　　　电池接口　　　　　电池外壳

图 7-1-1

（2）笔记本电脑电池接口功能，如图 7-1-2 所示。

1 脚、2 脚 BATT＋：电池正极

3 脚 SMCA：系统管理总线时钟信号

4 脚 SMDA：系统管理总线数据信号

5 脚：BATT_TEMP：电池温度检测信号

6 脚、7 脚：BATT－：电池负极

3．笔记本电脑电池接口电路结构

（1）笔记本电脑电池接口电路主要元件

笔记本电脑的电池接口电路元件并不多，主要有电池接口、EC 芯片以及起到限流作用的贴片电阻组成。图 7-1-3 所示为笔记本电脑电池接口及电池接口电路实物图。

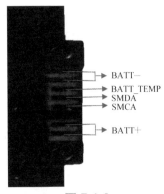

图 7-1-2

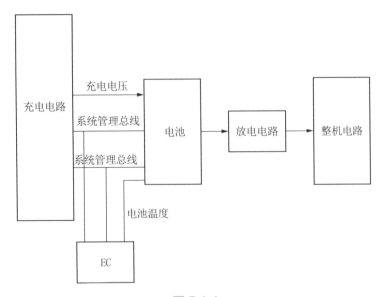

图 7-1-3

（2）笔记本电脑电池接口连接图，如图 7-1-4 所示。

图 7-1-4

当笔记本电脑只使用电池供电时，电池通过放电电路为笔记本电脑提供电源。电池同时受 EC 芯片管理，EC 芯片能读取电池温度、电池电量等信息，当笔记本电脑插入电源适配器时可控制充电电路工作与否。

4. 笔记本电池工作原理

当笔记本电脑插入电源后，EC 芯片通过系统管理总线读取到电池参数，如果电池需要充电，EC 则发出一个充电开启信号 FSTCHG，此信号开启充电芯片供电。充电电路产生的电压为电池充电，SMDA、SMCA、系统管理总线与充电芯片来调整充电状态，同时也与 EC 相连来监测电池充电状态。BATT_TEMP 信号与 EC 相连，实时监测电池温度，温度过高时停止充电，当电池充满电后充电电路停止工作；拔掉电源后，电池内部电压为整机提供供电。图 7-1-5、图 7-1-6 和图 7-1-7 所示为笔记本电脑电池接口电路图。

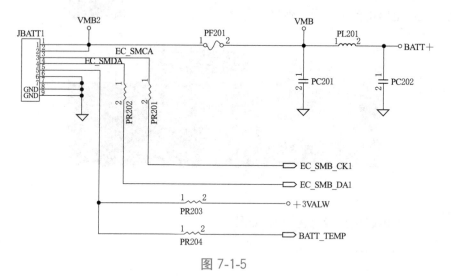

图 7-1-5

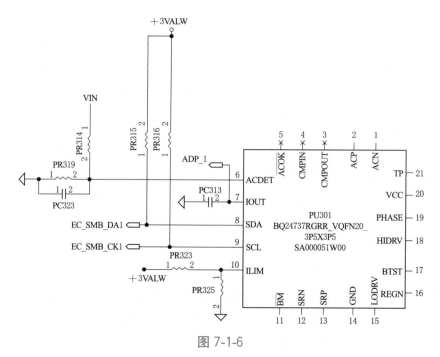

图 7-1-6

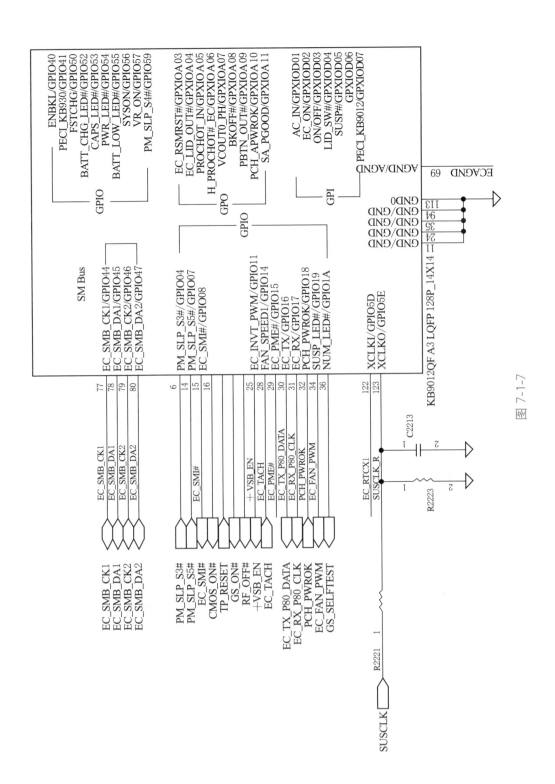

图 7-1-7

5. 笔记本电脑电池故障检修流程

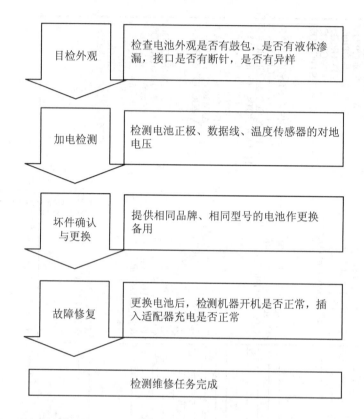

目检外观 —— 检查电池外观是否有鼓包，是否有液体渗漏，接口是否有断针，是否有异样

加电检测 —— 检测电池正极、数据线、温度传感器的对地电压

坏件确认与更换 —— 提供相同品牌、相同型号的电池作更换备用

故障修复 —— 更换电池后，检测机器开机是否正常，插入适配器充电是否正常

检测维修任务完成

【任务实施】

　　步骤1:使用数字万用表直流电压挡,测量电池口正极电压,测量结果异常,如图7-1-8所示。

图 7-1-8

　　步骤2:拆机,取出笔记本电脑主板,如图7-1-9所示。

图 7-1-9

步骤 3：插入电池，开机测量电池口是否有充电电压。测量结果异常，如图 7-1-10 所示。

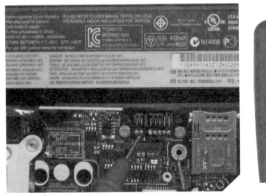

图 7-1-10

步骤 4：更换新的电池，测量电池内部电压正常，如图 7-1-11 所示。

图 7-1-11

步骤 5：插入电池，开机测量电池口充电电压。测量结果正常，如图 7-1-12 所示。

图 7-1-12

步骤 6:测量电池 3 脚系统管理总线时钟信号是否为 3.3 V。测量结果正常,如图 7-1-13 所示。

图 7-1-13

步骤 7:测量电池 4 脚系统管理总线数据信号是否为 3.3 V。测量结果正常,如图 7-1-14 所示。

图 7-1-14

步骤 8:测量电池 5 脚电池温度检测信号是否为 2 V。测量结果正常,故障解决,如图 7-1-15 所示。

图 7-1-15

任务 2

充电电路引起的无法充电故障维修

 【情景描述】

有一天,小华在使用笔记本电脑时突然发现笔记本电脑电池充不上电了,找到维修站的工程师说明情况后,工程师先更换了同型号的新电池测试,结果依然无法进行充电。于是工程师初步判断是笔记本电脑充电电路出现故障导致。

 【任务准备】

1. 笔记本电脑充电电路简述

笔记本电脑充电电路的主要作用就是为笔记本电脑电池充电。当电路检测到电池需要充电时,会将电源适配器供电转换为电池充电电压,当电池充满后就会结束充电过程。充电电路是笔记本电脑实现电池充电功能的基础,出现异常后就会导致笔记本电脑电池无法完成充电任务。

2. 笔记本电脑充电电路的组成

(1)笔记本电脑充电电路主要元件

笔记本电脑充电电路一般由充电控制芯片、场效晶体管、电感、贴片电阻、贴片电容等元件组成。图 7-2-1 所示为笔记本电池充电电路实物图。

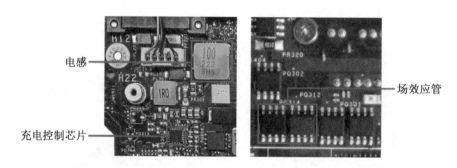

图 7-2-1

充电控制芯片:主要负责电池充电的管理,产生脉宽调制信号(PWM),去控制场效晶体管导通。笔记本电脑主板上常用的充电控制芯片型号有:MAX1873、MAX1908、MAX8724、BQ24702、BQ24703 等。

（2）笔记本电脑充电电路

笔记本电脑充电电路连接图，如图 7-2-2 所示。

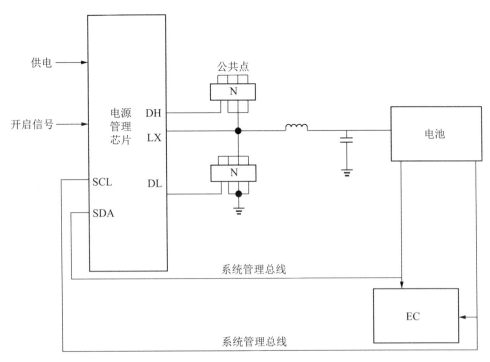

图 7-2-2

笔记本电脑充电电路采用开关电源电路，核心是充电控制芯片。场效晶体管在充电控制芯片脉冲信号驱动下不断导通、截止，与电感、电容配合，为电池提供充电电压。

3. 笔记本电脑充电电路工作过程

插入电源适配器后产生的 20 V 电压为电池充电芯片 PU301 的 20 脚 VCC 提供供电。VIN 电压经 PR314、PR319 分压后产生 2.6 V 电压送入电池充电芯片 6 脚作为适配器检测引脚。

当电池充电芯片的 VCC 引脚电压正常后，由芯片内部压降产生 6 V 电压，再由充电芯片的 16 脚输出继续为芯片 17 脚 BTST 引脚供电。

当插入电池后，芯片通过 8 脚 SDA、9 脚 SCL 检测电池充电信息，在由芯片的 18 脚与 15 脚分别发出 H 电平、L 电平，来控制 PQ312、PQ314 轮流导通、截止。经电感、电容产生电池充电电压。当充电芯片 18 脚为 H 电平时，15 脚为 L 电平，此时电池充电电路上管 PQ312 导通。18 脚为 L 电平时，15 脚为 H 电平，此时电池充电电路下管 PQ314 导通。PQ312、PQ314 轮流导通后经 PL302 产生的充电电压又经 PQ303 为电池充电。当充电电压输出后由电池充电芯片的 12、13 脚稳压检测形成反馈电路（如图 7-2-3 所示）。

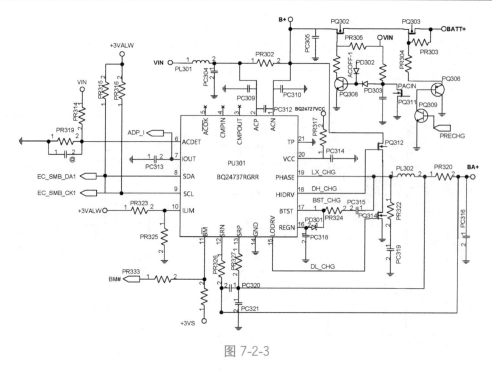

图 7-2-3

4. 笔记本电脑充电电路故障检修流程

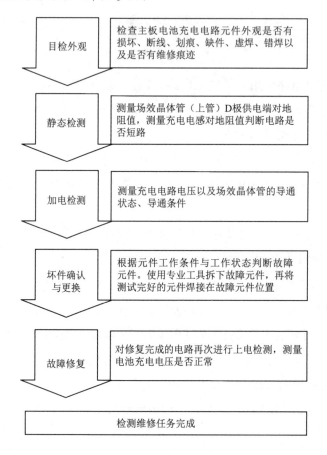

| 目检外观 | 检查主板电池充电电路元件外观是否有损坏、断线、划痕、缺件、虚焊、错焊以及是否有维修痕迹 |

| 静态检测 | 测量场效晶体管（上管）D极供电端对地阻值，测量充电电感对地阻值判断电路是否短路 |

| 加电检测 | 测量充电电路电压以及场效晶体管的导通状态、导通条件 |

| 坏件确认与更换 | 根据元件工作条件与工作状态判断故障元件。使用专业工具拆下故障元件，再将测试完好的元件焊接在故障元件位置 |

| 故障修复 | 对修复完成的电路再次进行上电检测，测量电池充电电压是否正常 |

| 检测维修任务完成 |

【任务实施】

步骤1:拆机,取出笔记本电脑主板,如图7-2-4所示。

图7-2-4

步骤2:观察充电电路中的元器件外观是否有损坏,电路有无短路烧焦痕迹,如图7-2-5所示。

图7-2-5

步骤3:用数字万用表蜂鸣挡,测量PL302对地阻,结果异常,此电路为短路,如图7-2-6所示。

图7-2-6

步骤4:使用热风焊台,拆下与PL302相连接的元件逐一测量,使用数字万用表蜂鸣挡,测量 PQ314 的 S 极-D 极阻值,如图 7-2-7 所示。

图 7-2-7

步骤 5:使用数字万用表蜂鸣挡,在测量 PL302 对地阻值,结果正常,如图 7-2-8 所示。

图 7-2-8

步骤 6:更换 PQ314,在测量电池口正极电压。测量结果正常,故障排除,如图 7-2-9 所示。

图 7-2-9

步骤 7:装机后进入系统,笔记本电脑充电功能正常,故障排除。

【任务拓展】

维修笔记本电脑电池充放电电路功能板

（1）认识电池充放电电路功能板

① 电池充放电电路功能板实物，如图 7-2-10 所示。

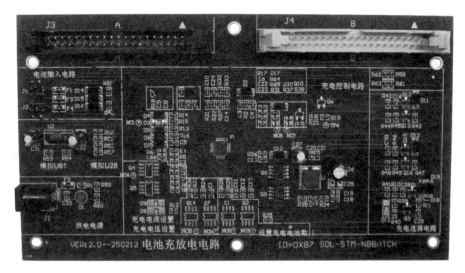

图 7-2-10

② 电池充放电电路功能板电路图，如图 7-2-11 所示。

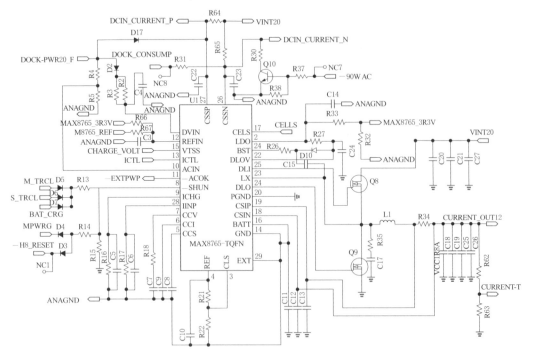

图 7-2-11

（2）充放电电路功能板检修步骤

① 观察功能板元件、外观是否有损坏、断线、划痕、缺件、虚焊、错焊以及是否有维修痕迹；

② 检测功能板是否有元件损坏，或短路；

③ 测电池充电芯片外部条件是否正常；

④ 检测功能板各区域电压。

【项目总结】

本项目从实践入手，重点介绍了笔记本电脑无法充电故障的检修思路和工作原理，以工作过程逐步讲解维修笔记本电脑无法充电故障的技能。

任务名称	相关的技能
电池损坏引起的无法充电故障维修	了解笔记本电脑电池参数及选配方法
	能够准确判断电池问题导致的不充电故障
	具备快速更换笔记本电脑电池的技能
充电电路引起的无法充电故障维修	了解笔记本电脑充电芯片参数及工作条件
	能够读懂电路图并准确找到充放电电路故障点
	具备更换充电电路主芯片的维修技能

【思考与练习】

一、判断题

1. 笔记本电脑电池由外壳、电池芯、保护电路三部分组成。（　　）

2. BATT＋是指电池的正极。（　　）

3. 笔记本电脑主板的系统供电电路也可以为电池充电。（　　）

4. 不插入笔记本电脑电池时，充电电路是不工作的。（　　）

5. 笔记本电脑电池的 SMDA 是系统管理总线时钟信号。（　　）

二、选择题

1. 下列不属于笔记本电脑电池充电芯片的是（　　）。

　　A. MAX1908　　　　B. MAX8724　　　　C. BQ24702　　　　D. MAX1901

2. 笔记本电脑电池温度检测信号是由（　　）检测。

　　A. EC 芯片　　　　B. 场效晶体管　　　　C. CPU　　　　D. BIOS

3. 笔记本电脑电池的充电电压是由(　　　)产生的。

    A. EC 芯片　　　　　　　　　　　　B. 电源管理芯片

    C. 笔记本电脑电池充电电路　　　　D. 隔保电路

4. 笔记本电脑电池不能充电需检测(　　　)电路。

    A. 系统供电电路　　　　　　　　　B. 电池放电电路

    C. 电池充电电路　　　　　　　　　D. 隔保电路

5. 笔记本电脑电池放电电路损坏会引起(　　　)故障。

    A. 不充电

    B. 插入适配器可以开机,拔掉适配器不能开机

    C. 插入适配器不能开机,拔掉适配器可以开机

    D. 以上都不对

项目八　笔记本电脑 USB 接口故障维修

项目概要

　　USB 接口是笔记本电脑中应用非常广泛的一个主流接口。本项目中主要讲述了 USB 接口的拆卸与安装,笔记本电脑 USB 接口电路故障维修内容。重点分析了 USB 接口拆装技巧,及其电路常见故障检测维修方法、电路图和工作原理。

项目目标

　　1. 能够运用所学知识进行 USB 接口的熟练拆卸与安装。

　　2. 掌握 USB 接口电路的基本工作原理、故障检测维修的基本方法。

　　3. 熟悉 USB 接口电路故障检修流程,掌握易坏元件的故障检测点。

任务 1

USB 接口的更换

 【情景描述】

小明的笔记本电脑插入 U 盘时发现有一个 USB 接口无法使用了,于是送到维修店进行维修,经过李师傅检查发现 USB 接口有铜片断裂,初步判断 USB 接口已损坏。

 【任务准备】

1. USB 接口的种类

通常电脑中使用的 USB 接口有两种,分别是 USB2.0 和 USB3.0 两种接口。

从外观上来看 USB2.0 通常是白色或黑色,而 USB3.0 则改观为蓝色接口。

从插口引脚上来看,USB2.0 采用 4 针脚设计,而 USB3.0 则采取 9 针脚设计,相比而言,USB3.0 功能更强大。

目前,部分笔记本电脑 USB 接口,已同时提供对 USB2.0 及 USB3.0 的支持,我们可以通过接口颜色来区别,如图 8-1-1 所示。

USB2.0   USB3.0

图 8-1-1

2. USB 接口的焊接方式

USB 接口与主板焊接分为两部分:一部分为与主板相连接口固定脚,另一部分为接口传输引脚,如图 8-1-2 所示。

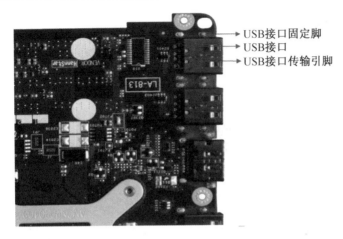

USB接口固定脚
USB接口
USB接口传输引脚

图 8-1-2

3. USB 接口拆焊工具

热风焊台：在取 USB 口时，热风焊台调节至合适挡位，热风焊台风口直对元件吹，不要把接口周边元件吹掉。

吸锡器：在取下 USB 口后，对接口焊盘通孔。

恒温烙铁：在装 USB 口时，使用恒温电烙铁把锡丝融化后让接口每一个引脚都能与主板相连，实现固定引脚功能。

4. USB 接口更换方法

（1）拆：使用热风焊台均匀加热 USB 接口固定引脚，及数据传输引脚。当各引脚上的焊锡同时融化后，用镊子夹住 USB 接口将其与主板分离开。

（2）装：在用恒温电烙铁把固定脚与数据脚的锡融化后，用吸锡器把主板插孔里的残留锡吸干净。将新的 USB 接口插入主板插口，用电烙铁锡丝把接口各引脚焊接牢固。

5. USB 接口更换注意事项

（1）确定损坏的 USB 接口。

（2）更换 USB 口要与损坏的接口外观一样，否则不能更换。

（3）焊接时不能碰掉接口周围元件。

（4）焊接后注意数据引脚不能虚焊，不能与其他引脚相连。

【任务实施】

步骤 1：目检。发现 USB 接口有烧焦痕迹，如图 8-1-3 所示。

步骤 2：拆机。取出主板，如图 8-1-4 所示。

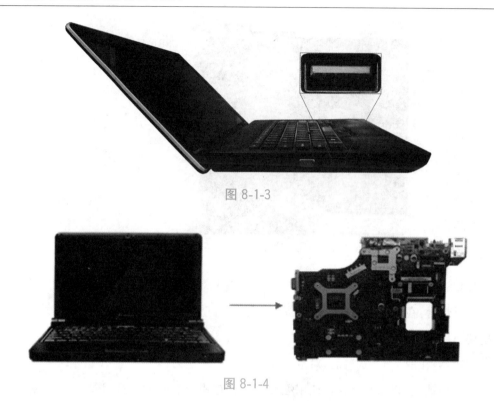

图 8-1-3

图 8-1-4

步骤 3:用热风焊台直吹 USB 固定脚及 USB 引脚。待引脚与主板相连各锡点都融化后,用镊子夹住 USB 接口然后取下,如图 8-1-5 所示。

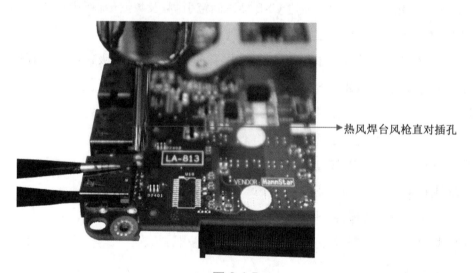

热风焊台风枪直对插孔

图 8-1-5

步骤 4:用恒温电烙铁加热主板 USB 引脚插孔,再用吸锡器把各插孔清理干净,如图 8-1-6 所示。

图 8-1-6

步骤 5：把好的 USB 接口插进主板插孔，如图 8-1-7 所示。

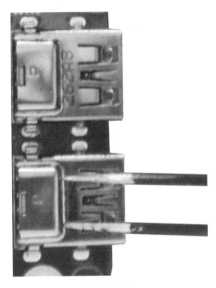

图 8-1-7

步骤 6：用恒温电烙铁把 USB 接口各引脚焊接好。如图 8-1-8 所示。

焊锡丝

图 8-1-8

步骤 7:观察是否有连锡。把焊接点清理干净,如图 8-1-9 所示。

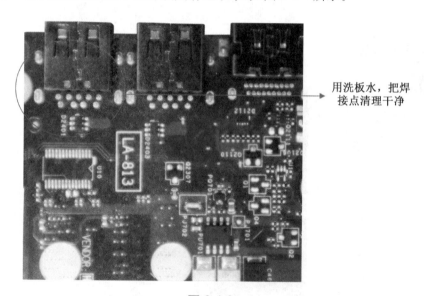

用洗板水,把焊
接点清理干净

图 8-1-9

USB 接口电路故障维修

【情景描述】

　　张先生在二手市场买了一台某品牌笔记本电脑,回家后发现有一个 USB 接口外接鼠标无法使用,他把鼠标换到笔记本电脑上的其他 USB 接口可以正常使用。因此,他判断是这个 USB 接口有问题,于是他联系了客服中心,把电脑送去检查。工程师检查发现 USB 接口并无明显烧焦痕迹,初步怀疑是主板 USB 接口电路出现问题。

【任务准备】

　　1. 笔记本电脑 USB 接口电路的结构组成

　　USB 接口电路主要由 USB 接口插座、南桥芯片以及滤波作用的电感、滤波电容、电阻排、保险电阻等组成,有些高级的主板还设有配电开关。如图 8-2-1 所示。

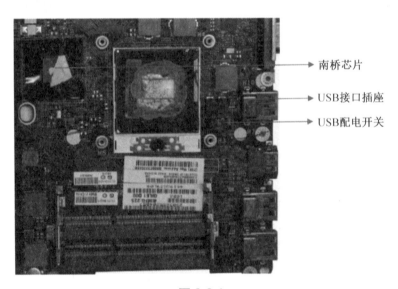

图 8-2-1

　　(1) 主板 USB 接口定义(如图 8-2-2 所示)

　　(2) USB 供电芯片(配电开关)

　　将主板输送过来的 5 V 供电送入 USB 接口,并且可以保证主板的每个 USB 接口向外设提供最大 500 mA 的供电电流,同时当外设短路时,配电开关会自动切断 USB 接口的供电,保证主机正常稳定的工作。

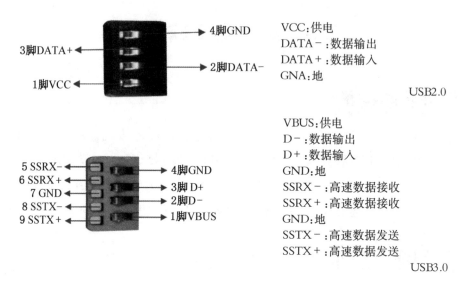

VCC:供电
DATA－:数据输出
DATA＋:数据输入
GNA:地

USB2.0

VBUS:供电
D－:数据输出
D＋:数据输入
GND:地
SSRX－:高速数据接收
SSRX＋:高速数据接收
GND:地
SSTX－:高速数据发送
SSTX＋:高速数据发送

USB3.0

图 8-2-2

(3) 南桥芯片

南桥芯片是主板芯片组的重要组成部分,他管理着主板的低速设备,其中 USB 接口就是由南桥直接管理的。

2. 笔记本电脑 USB 接口电路供电类型

(1) 直接采用主板＋5 V 供电(如图 8-2-3 所示)

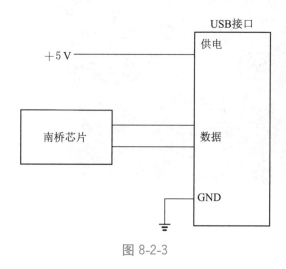

图 8-2-3

(2) 采用＋5 V 电源通过限流 IC 供电或使用电源管可控供电(如图 8-2-4 所示)

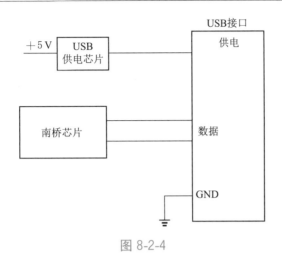

图 8-2-4

3. 笔记本电脑 USB 接口电路工作过程

笔记本电脑 USB 接口分为供电、数据两大部分。

（1）USB 接口供电线路工作过程（如图 8-2-5 所示）

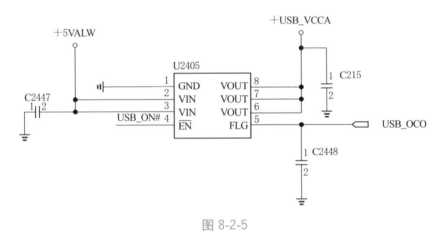

图 8-2-5

当主板 5 V 电压正常后，为 U2405 的 USB 配电开关的 VIN 引脚提供主供电，此时 EC 芯片产生 L 电平，U2405 的 4 脚接到 L 电平后由 6、7、8 引脚输出 + USB_VCCB 的 5 V 电压。5 脚 FLG 为 L 电平时候为故障指示信号。此引脚正常为 H 电平。产生的 + USB_VCCA 送入 USB 接口，USB 接口电路图如图 8-2-6 所示。

（2）数据线路工作过程

当 USB 接口供电正常后，D + 、D － 组成 USB2.0 信号传输路径。SSTX + 、SSTX － 、SSRX + 、SSRX － 四路信号分别经 L2404、C2442、C2443 与 L2405 连接到南桥芯片内部 USB 模块，组成为 USB3.0 高速数据传输路径，其中一对为发送线路，另一对为接收线路。数据线路中各信号并联 D2401 元件，其主要作用当信号线出现故障后 D2401 反向导通，保护线路元件。数据线路电路如图 8-2-7 所示。

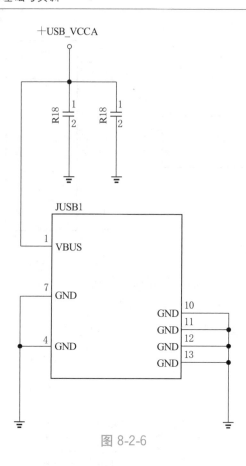

图 8-2-6

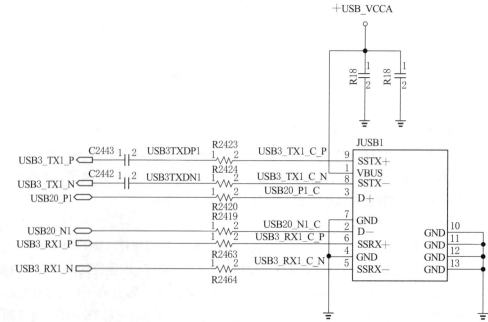

图 8-2-7

4. 笔记本电脑 USB 接口电路故障检修流程

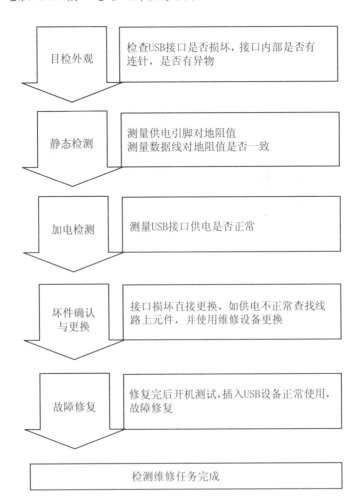

目检外观	检查USB接口是否损坏，接口内部是否有连针，是否有异物
静态检测	测量供电引脚对地阻值 测量数据线对地阻值是否一致
加电检测	测量USB接口供电是否正常
坏件确认与更换	接口损坏直接更换，如供电不正常查找线路上元件，并使用维修设备更换
故障修复	修复完后开机测试，插入USB设备正常使用，故障修复
检测维修任务完成	

【任务实施】

步骤 1:拆机,取出笔记本电脑主板,如图 8-2-8 所示。

图 8-2-8

步骤 2:观察电路中的接口及元器件外观是否有损坏,电路有无烧焦痕迹,如图 8-2-9 所示。

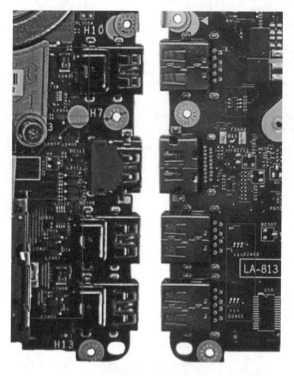

图 8-2-9

步骤 3:使用数字万用表蜂鸣挡,测量 USB 接口供电引脚对地阻值。测量结果如图 8-2-10 所示。

图 8-2-10

步骤 4:使用数字万用表蜂鸣挡,测量 USB 接口 2、3 脚数据引脚对地阻值是否一致,测量结果如图 8-2-11、图 8-2-12 所示。

图 8-2-11

图 8-2-12

步骤 5:使用数字万用表蜂鸣挡,测量 USB 接口 5、6 脚数据引脚对地阻值是否一致,测量结果如图 8-2-13 和图 8-2-14 所示。

步骤 6:使用数字万用表蜂鸣挡,测量 USB 接口 8、9 脚数据引脚对地阻值是否一致,测量结果如图 8-2-15 和图 8-2-16 所示。

图 8-2-13

图 8-2-14

图 8-2-15

图 8-2-16

步骤 7：使用数字万用表电压挡，测量 JUSB1 接口的 1 脚电压，测量结果异常，如图 8-2-17 所示。继续测量前级电路。

图 8-2-17

步骤 8：使用数字万用表电压挡，测量 USB 供电芯片 U2405 的 2 脚是否有 5 V 供电，测量结果正常，如图 8-2-18 所示。

步骤 9：使用数字万用表电压挡，测量 $\overline{EN}$ 引脚电压，此引脚低电平导通，测量结果正常，如图 8-2-19 所示。

步骤 10：使用热风焊台更换 U2405，再测量 JUSB1 接口的 1 脚电压，测量结果正常，如图 8-2-20 所示，故障解决。

图 8-2-18

图 8-2-19

图 8-2-20

【项目总结】

本项目从实践操作入手,介绍了笔记本电脑 USB 接口电路常见故障现象,并使用维修工具以任务驱动的方式完成对笔记本电脑 USB 接口故障的检修技能。

任务名称	相关的技能
笔记本电脑 USB 接口的更换	了解笔记本电脑 USB 接口类型参数及工作条件
	能够熟练使用维修工具开展检测维修
	掌握更换笔记本电脑 USB 接口的维修技能
主板 USB 接口电路故障维修	了解笔记本电脑 USB 接口电路工作原理及主要元器件的参数
	通过故障分析,准确找到 USB 接口电路故障点
	掌握更换 UBS 接口电路相关元器件操作技能

【思考与练习】

一、判断题

1. USB 接口 D+ 和 D- 对地阻值是一致的。( )

2. USB 供电芯片损坏会引起 USB 接口无 D+ 电压。( )

3. USB 供电芯片也称为配电开关。( )

4. 插入 USB 设备后笔记本电脑死机先更换 USB 接口。( )

5. USB 接口供电引脚对地阻值为 0 是正常的。( )

二、选择题

1. USB3.0 接口供电为( )。

A. 3.3 V   B. 20 V   C. 5 V   D. 9 V

2. USB3.0 接口为几针插口( )。

A. 4   B. 8   C. 9   D. 10

3. USB 接口是由主板( )芯片管理。

A. USB 供电芯片   B. CPU   C. EC 芯片   D. 南桥芯片

4. 插入 USB 设备无反应需检查( )。

A. USB 接口供电是否正常

B. USB 数据线对地阻值是否正常

C. USB 接口是否虚焊

D. 以上都对

5. USB 供电芯片的 FLG 作用是(　　)。

A. 供电 　　　　　　　　　　　B. 开启信号

C. 故障指示信号 　　　　　　　D. 电压输出